Konstruktionsbücher

Herausgeber Professor Dr.-Ing. K. Kollmann, Karlsruhe

Band 16

Die Steuerung des Gaswechsels in schnellaufenden Verbrennungsmotoren

Konstruktion und Berechnung der Steuerelemente

Von

Wolf-Dieter Bensinger

Zweite neubearbeitete Auflage

Springer-Verlag Berlin Heidelberg GmbH

1968

Dipl.-Ing. WOLF-DIETER BENSINGER
Abteilungsdirektor der Daimler-Benz AG,
Stuttgart-Untertürkheim

ISBN 978-3-540-04213-6   ISBN 978-3-662-21808-2 (eBook)
DOI 10.1007/978-3-662-21808-2

Library of Congress Catalog Card Number: 67-21076

Titel-Nr. 6155

Vorwort zur zweiten Auflage

Die notwendig gewordene Neuauflage des vorliegenden Konstruktionsbuches ließ eine Überarbeitung zweckmäßig erscheinen, die angegebenen Erfahrungswerte konnten dann auf den heutigen technischen Stand gebracht und einige Motoren-Schnittbilder durch neuzeitlichere Konstruktionen ersetzt werden. Die Abschnitte „Zwangssteuerung", „Dynamik des Ventiltriebs", „Bestimmung der Steifigkeit einer Ventilsteuerung" und „Antrieb durch Zahnriemen" wurden zugefügt. Weiterhin konnten Leser-Hinweise verwertet werden.

Der Verfasser dankt Herrn Dr. H. O. DERNDINGER für seine Mitarbeit. Er hofft, daß das Konstruktionsbuch auch weiterhin gute Aufnahme findet und seinen Zweck erfüllt.

Stuttgart-Untertürkheim, Oktober 1967

W.-D. Bensinger

Vorwort zur ersten Auflage

Das Anerbieten von Herrn Prof. Dr. KOLLMANN, meine Erfahrungen auf dem Gebiet der Gassteuerung bei schnellaufenden Verbrennungsmotoren in einem Band der von ihm herausgegebenen Konstruktionsbücher niederzulegen, habe ich sehr gern angenommen, weil eine auf die Praxis zugeschnittene Darstellung dieses für den Motorenkonstrukteur besonders wichtigen und interessanten Gebietes bisher fehlte. Hierbei ergab sich auch Gelegenheit, meine in der Deutschen Versuchsanstalt für Luftfahrt (DVL) durchgeführten und seinerzeit aus Geheimhaltungsgründen nicht veröffentlichten Arbeiten auf dem Drehschiebergebiet bekanntzugeben. Die dabei gewonnenen Erkenntnisse sind für alle Schiebersteuerungen von Bedeutung und gestatten eine Beurteilung ihrer jeweiligen Erfolgsaussichten.

Das vorliegende Konstruktionsbuch soll dem Studierenden und dem Jungingenieur sowie auch dem Konstrukteur in der Praxis die heute bekannten Möglichkeiten für die Steuerung der Gase aufzeigen und ihm alle zur Konstruktion und Berechnung der Steuerelemente notwendigen Unterlagen in die Hand geben. Die angeführten Erfahrungswerte entsprechen dem heutigen Stande der Technik; sie können als Richtwerte dienen. Schnittbilder charakteristischer Bauarten sollen Anregungen vermitteln, ihre Eigenarten werden eingehend behandelt. Jede Konstruktion stellt einen Kompromiß dar; die Vor- und Nachteile müssen sorgfältig gegeneinander abgewogen werden, wenn eine optimale Lösung erzielt werden soll.

An dieser Stelle möchte ich den Herren Dir. Dr. NALLINGER und Dir. Dr. SCHERENBERG meinen besonderen Dank für die freundliche Genehmigung, das vorliegende Konstruktionsbuch veröffentlichen zu dürfen, aussprechen. Herrn Dipl.-Ing. D. KURZ danke ich für seine Mitarbeit.

Stuttgart-Untertürkheim, Dezember 1954

W.-D. Bensinger

Inhaltsverzeichnis

Zur Einführung

Der Entwurf der Gassteuerung ist für den Motorenkonstrukteur eine besonders reizvolle Aufgabe. Wenn Hubraum, Zylinderzahl und Zylinderanordnung bei einem geplanten Motor festliegen, dann gibt es für das Triebwerk und die Zylinderkonstruktion nicht allzu viele konstruktive Möglichkeiten, die Gassteuerung dagegen läßt dem Konstrukteur weiten Spielraum, hier kann er sein Können zeigen. Die Steuerung der Gase hat entscheidenden Einfluß auf die Leistung des Motors, seinen Raumbedarf, sein Geräusch und schließlich auch auf die Herstellungskosten. Beim Rennmotor wird ohne Rücksicht auf Aufwand und Kosten auf das letzte Prozent Leistung Wert gelegt, beim Gebrauchsmotor dagegen sind unter Verzicht auf Leistung vor allem die Herstellungskosten bestimmend.

Jede Konstruktion stellt einen Kompromiß dar, die Kunst des Konstrukteurs ist es, die jeweiligen Gesichtspunkte, die sich meist nicht in Zahlen ausdrücken lassen, richtig abzuwägen und ein Optimum zu erzielen. Es hat z. B. keinen Zweck, den thermischen Wirkungsgrad um 1% zu verbessern und dabei vielleicht 5% am Liefergrad einzubüßen. Auch ist es sinnlos, die Steuerquerschnitte größer zu machen, als es zur guten Füllung des Zylinders bei den höchsten im Betrieb vorkommenden Drehzahlen nötig ist, wenn hierdurch Nachteile in Kauf genommen werden müssen. Eine schlechte Zugänglichkeit zu Stellen, die der häufigen Wartung bedürfen, oder zu hohe Anforderungen an das Bedienungspersonal können einem guten Motor schlechten Ruf einbringen. Viele Dinge sind zu beachten, es muß immer geprüft werden, ob die erzielte Wirkung zum Aufwand im richtigen Verhältnis steht, oder ob es besser wäre, ein Zugeständnis zu machen, um im Herstellungspreis, in der Betriebssicherheit oder sonst einer Hinsicht wesentliche Vorteile zu bekommen.

Unzählige Konstruktionen zur Steuerung der Gase sowohl mit Ventilen als auch durch Schieber wurden schon vorgeschlagen, im vorliegenden Buche werden die wichtigsten eingehend besprochen und ihre Vor- und Nachteile sowie ihr jeweiliges Anwendungsgebiet erörtert. Die Berechnung der Steuerelemente wird gezeigt, besonders wird auf die bei der Ventilsteuerung notwendigen Nocken (Kreisbogen- und ruckfreie Nocken) eingegangen. Da der Antrieb der Steuerung die ganze Konstruktion beeinflußt, wird auch diesem ein Kapitel gewidmet.

Zweck des Buches soll sein, dem Konstrukteur bei der Gestaltung der Gassteuerung zu helfen und ihm alle Unterlagen für die Bemessung und Berechnung der Steuerelemente in die Hand zu geben. Da das Buch nicht für den Wissenschaftler, sondern für den Praktiker gedacht ist, wurde besonderer Wert auf leichtverständliche Darstellung gelegt, alle zur Berechnung notwendigen Formeln werden in ausführlicher Form gebracht; wie sie entstanden, wird nur angedeutet, im übrigen auf ihre Ableitung verzichtet, Beispiele sollen Zweifelsfälle klären. Es ist sehr störend, wenn der Konstrukteur Formeln zusammensuchen oder erst ableiten muß, leicht schleichen sich dann Fehler ein.

1. Grundsätzliche Betrachtungen

1.1 Steuerdiagramm

Das Einlaßorgan hat die Aufgabe, während der Saugperiode möglichst viel Frischgas in den Zylinder eintreten zu lassen, das Auslaßorgan soll dafür sorgen, daß das verbrannte Gas den Zylinder möglichst vollständig verlassen kann. Da die Steuerquerschnitte bei keiner Konstruktion sofort voll offen sein können, und andererseits weil die strömenden Gase kinetische Energie enthalten, muß man die Öffnungs- und Schließzeiten vor bzw. hinter die Kolbentotpunkte legen.

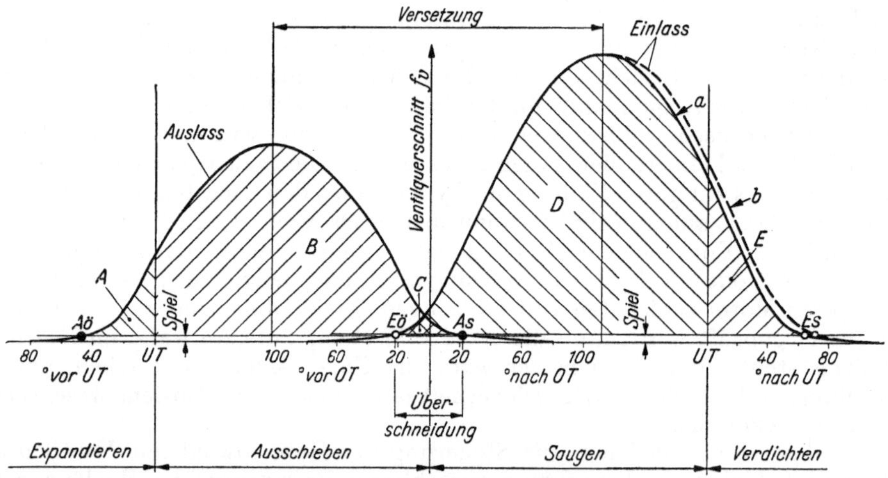

Abb. 1. Steuerdiagramm eines Viertaktmotors

Man muß das Steuerdiagramm eines Motors (Abb. 1) unter Berücksichtigung der dynamischen Vorgänge zusammen mit dem Indikatordiagramm (Abb. 2) betrachten. Die im folgenden für den Viertaktmotor angestellten Überlegungen sind sinngemäß auch auf den Zweitaktmotor anzuwenden.

Es sei mit „Auslaß öffnet" („$A\ddot{o}$") begonnen; diese Steuerzeit muß so viel vor den unteren Totpunkt gelegt werden, daß einerseits möglichst wenig von der Expansionslinie verlorengeht (Fläche „F" in Abb. 2) und andererseits der Druck im Zylinder möglichst schnell auf die horizontale Linie absinkt, d. h. die Fläche „G" klein wird. Da während der ersten Zeit der Auslaßöffnung überkritisches Druckverhältnis herrscht und damit die ausströmende Gasmenge unabhängig vom Innendruck nur durch den jeweiligen Zeitquerschnitt bestimmt wird, kann „$A\ddot{o}$" ziemlich früh liegen, allerdings muß beachtet werden, daß die thermische Beanspruchung des Auslaßventils rasch zunimmt, insbesondere, wenn das Auslaßorgan schleichend öffnet. Bestimmend für die günstigste Steuerzeit ist nicht der Winkel vor dem unteren Totpunkt („UT"), sondern die schraffierte Fläche

„*A*"; es leuchtet ein, daß — gleiche Drehzahlen vorausgesetzt — bei steilem Anstieg der Steuerquerschnitte der Öffnungswinkel vor „*UT*" kleiner sein muß als bei sanfter Auslaßöffnung.

Während des Ausschubhubes sollte natürlich ein möglichst großer Steuerquerschnitt (Fläche „*B*") zur Verfügung stehen, damit der Überdruck im Zylinder p_A klein wird. Zur Ausnutzung der kinetischen Energie der Abgase und mit Rücksicht auf die zum oberen Totpunkt rasch abnehmenden Steuerquerschnitte legt man „Auslaß schließt" („*As*") hinter den oberen Totpunkt.

Das Einlaßorgan öffnet man vor dem oberen Totpunkt („*Eö*"), weil die Querschnitte anfänglich noch klein sind und andererseits der Sog der ausströmenden Abgase die Frischgase in Bewegung setzt. Die Zeit, während der Ein- und Auslaß geöffnet sind, nennt man „Überschneidung". Bei Motoren, die nur in einem engen Drehzahlgebiet laufen und die nur Luft ansaugen — z. B. Flugmotoren mit Benzineinspritzung in den Zylinder —, kann man die Überschneidungsfläche „*C*" so groß machen, daß sich eine Durchspülung ergibt und die im Verbrennungsraum befindlichen Abgase entfernt werden; die für die Leistungserzeugung zur Verfügung stehende Frischgasmenge ist dann um das Verbrennungsvolumen vermehrt. Bei Motoren mit einem weiten Drehzahlbereich darf die Überschneidung nicht zu groß sein, weil bei niederen Drehzahlen Abgase in die Saugleitung dringen und wieder angesaugt bzw. aus der Abgasleitung zurückgesaugt werden. Vor allem bei Mehrzylindermotoren, bei denen dann nicht jeder Zylinder gleiche Frischgasmenge bekommt, können sich untragbare Verhältnisse ergeben.

Nach dem oberen Totpunkt sollen die Einlaßsteuerquerschnitte (Fläche „*D*") natürlich möglichst groß sein, damit der Unterdruck im Zylinder p_s klein wird und sich eine gute Füllung ergibt. Da ein großer Teil der Abgase unter Druck den Zylinder verläßt, während das Ein-

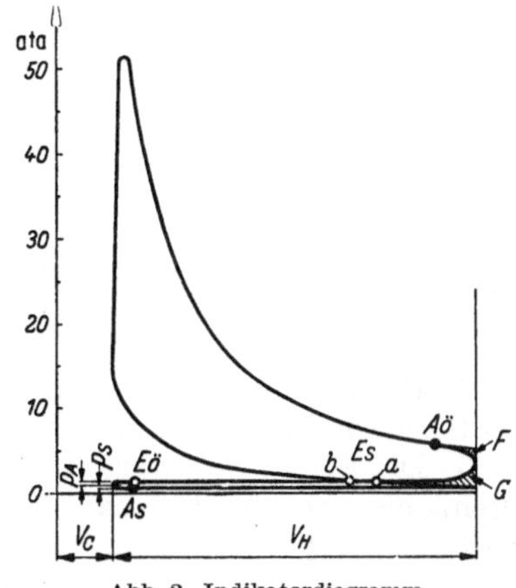

Abb. 2. Indikatordiagramm

strömen der Frischgase bei geringen Druckunterschieden vor sich geht, können die Auslaßquerschnitte kleiner als die Einlaßquerschnitte sein. Man macht davon vor allem dann Gebrauch, wenn aus Raumgründen eine Auslaßverkleinerung eine Einlaßvergrößerung gestattet.

Wenn der Kolben den unteren Totpunkt überschritten hat, strömen infolge ihrer kinetischen Energie noch weiter Frischgase in den Zylinder. Einlaß soll so weit nach dem unteren Totpunkt schließen, daß zu dem Zeitpunkt, da der Kolben die Frischgase zurückschieben will, das Einlaßorgan geschlossen ist. Entscheidend ist wiederum nicht der Winkel für „*Es*", sondern die Fläche „*E*". Bei steilem Ablauf der Steuerquerschnittskurve muß „*Es*" früher als bei flachem liegen.

Die wichtigste Zeit im Steuerdiagramm ist der Einlaßschluß. Wenn man jeweils alle Steuerzeiten bis auf eine konstant läßt — wie dies z. B. mit den verstellbaren Ventilsteuerungen der „Deutschen Versuchsanstalt für Luftfahrt" [*1, 2, 3*][1] möglich war —, stellt man fest, daß die Leistungsmaxima sehr flach sind und sich für einen weiten Drehzahlbereich optimale Werte für „*Aö*", „*As*"

---

[1] Zahlen in eckigen Klammern weisen auf das Schrifttumverzeichnis hin.

und „*Eö*" finden lassen, nur der Bestwert für „*Es*" ändert sich mit der Drehzahl
in stärkerem Maße.

Der Einlaßschluß beeinflußt entscheidend die Drehmomentcharakteristik des
Motors, seine Elastizität und Spitzenleistung. Dies zeigt deutlich die Abb. 3, die
Leistungskurven „*a*" und „*b*" entsprechen den Steuerquerschnitten „*a*" und „*b*"

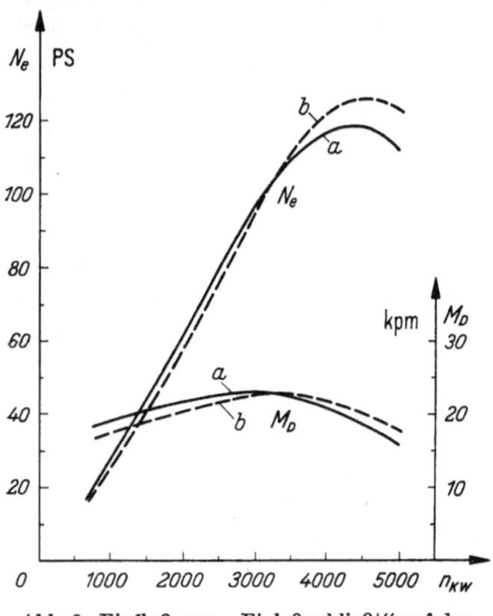

Abb. 3. Einfluß von „Einlaß schließt" auf den
Leistungsverlauf

der Abb. 1; für Straßenfahrzeuge, bei denen die Beschleunigung von unten heraus
und die Zähigkeit am Berg sehr viel wert
ist, verzichtet man auf Spitzenleistung
zugunsten des höheren Drehmomentes unten, nur bei Motoren mit engem Betriebsdrehzahlbereich kann man ohne Kompromiß auskommen. Bei Flugmotoren wirkt
sich auch die veränderliche Flughöhe auf
die Steuerzeiten aus, so daß man wiederum abwägen muß.

Zusammenfassung:

1. Nicht die *Steuerwinkel* sind maß-
gebend, sondern die *Steuerquerschnittsflächen* (s. Abb. 1). Bei Änderung des Kurvenverlaufs — steilere Kurven werden zur
Verbesserung der Füllung gewünscht,
flachere können aus Geräuschgründen
notwendig sein — sind die Flächen „*A*",
„*C*" und „*E*" etwa konstant zu halten.

2. Die *Fläche* „*A*" kann verhältnismäßig groß sein, die thermische Belastung
des Steuerorgans nimmt jedoch zu, schleichende Steueröffnung ist zu vermeiden.

3. Die *Fläche* „*C*" darf nicht zu groß gewählt werden, wenn auch bei niederen
Drehzahlen auf runden Lauf des Motors, vor allem guten Leerlauf, Wert gelegt
wird.

4. Die *Fläche* „*E*" beeinflußt die Leistungscharakteristik des Motors stark,
eine große Fläche bringt Leistung bei hohen Drehzahlen und kostet Drehmoment
bei niederen Drehzahlen. Die Flächen „*A*" und „*C*" können für einen weiten
Drehzahlbereich günstig gewählt werden.

5. Die *Steuerquerschnittsflächen zwischen den Totpunkten* „*B*" und „*D*" sollen
möglichst groß sein, die Auslaßfläche „*B*" kann kleiner als „*D*" sein.

6. Die *Steuerzeiten* sagen über einen Motor nichts aus, man muß zur Beurteilung das Steuerquerschnittsdiagramm und den Drehzahlbereich kennen.

1.2 Steuerquerschnitte

Bei der Betrachtung eines Steuerorgans ist zu beachten, daß in der Strömung
nicht der volle Querschnitt ausgenützt wird. Durch Ablösung an den Umlenkungen ergibt sich ein engerer Querschnitt, das Verhältnis der tatsächlichen Durch-
flußfläche f'_v zur rechnerischen Fläche f_v nennt man Durchflußbeiwert. Abb. 4
zeigt die Ablösung an einem Einlaßventil. Der Gasstrom löst sich an den Kanten
des Ventilsitzes und des Ventils ab, der maßgebende Querschnitt befindet sich
außerhalb der rechnerisch ermittelten engsten Stelle. Bei kleinem Ventilhub ist
der Durchflußbeiwert nahezu gleich 1, mit zunehmendem Hub nimmt er ab und

kann Werte bis 0,6 erreichen, eine Vergrößerung des Ventilhubs wird daher immer unvorteilhafter.

Allgemein berechnet man den Querschnitt eines Ventils mit:

$$f_v = \pi \cdot d_i \cdot s \cdot \sin \frac{\alpha}{2}, \tag{1}$$

d_i = lichter Ventildurchmesser,
s = Ventilhub,
α = Sitzwinkel.

Diese Formel enthält je nach dem Ventilhub Ungenauigkeiten, die zu erfassen unnötige Mühe verursacht; der Durchfluß ist der Rechnung so wenig zugänglich, daß die einfach zu handhabende, nur dem Vergleich dienende Formel (1) für die Praxis genügt.

Der Sitzwinkel α wird meist mit 90° ausgeführt. Die Rechnung ergibt bei 120° größere Querschnitte f_v; wie die Abb. 4 zeigt, ändert sich für die Strömung jedoch nichts, sie liegt zwar am Ventil besser, dafür am Ventilsitz um so schlechter an. Scharfe Umlenkungen sind zu vermeiden; um die Ablösung der Strömung zu vermindern, wird gerne eine leichte Verengung kurz vor dem Ventilsitz (s. Abb. 4 rechts) vorgenommen, auch eine Abrundung der Kanten empfiehlt

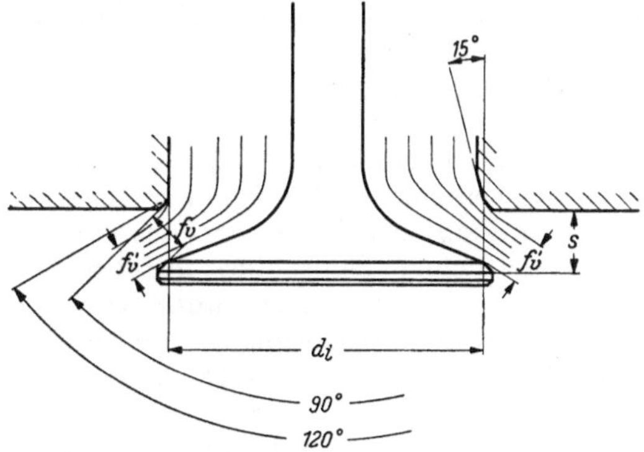

Abb. 4. Die Strömung im Einlaßventil

sich. Die Durchflußbeiwerte sind beim Auslaßventil besser als beim Einlaß, weil die Strömung umgekehrte Richtung hat und größere Druckunterschiede gegeben sind, man wählt daher zweckmäßigerweise den Einlaßquerschnitt 10 bis 20% größer als den Auslaßquerschnitt.

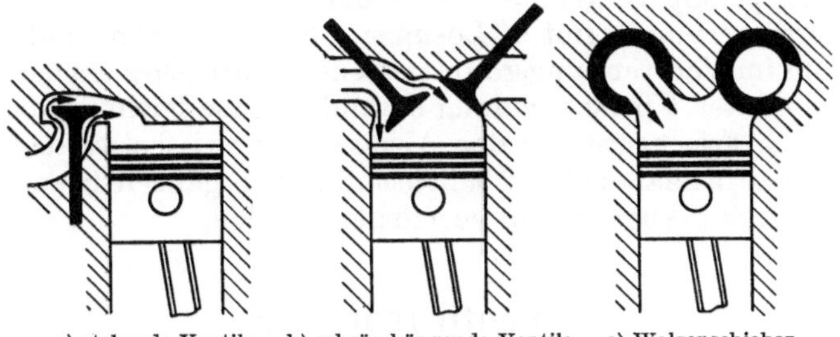

a) stehende Ventile   b) schräg hängende Ventile   c) Walzenschieber

Abb. 5a—c. Die Strömung bei verschiedenen Steuerorganen

Von Wichtigkeit ist natürlich auch, ob sich der Gasstrom nach dem Steuerorgan frei entfalten kann, oder ob er durch die Wand des Verbrennungsraumes abgelenkt und gestört wird. Die Einströmung ist beim Motor a der Abb. 5 schlechter als beim Motor b; die besten Einströmverhältnisse hat der Schiebermotor c.

Einen großen, meist nicht genügend beachteten Einfluß auf die Füllung hat die Erwärmung der Frischgase auf ihrem Weg in den Zylinder; die Gase dehnen sich aus, und das angesaugte Luftgewicht nimmt ab. Sehr ungünstig verhält sich in dieser Hinsicht die Ventilsteuerung, bei der die Frischgase durch den engen Ventilspalt an heißen Flächen — das Einlaßventil erreicht immerhin 300 bis 500 °C — vorbeigeführt werden. Im Gegensatz dazu wird bei einem Schiebersteuerorgan nur die Randzone des Frischgasstromes erwärmt, der größte Teil der Ladung kommt mit heißen Stellen nicht in Berührung. Beim stationären Strömungsversuch fehlt der Einfluß der Erwärmung, die Ergebnisse sind daher nur unter Vorbehalt zu gebrauchen.

Zusammenfassung:

1. Der rechnerische Querschnitt im Steuerorgan kommt wegen der Ablösungserscheinungen nicht voll zur Wirkung. Bei der Ventilsteuerung wird der Durchflußbeiwert mit zunehmendem Hub immer schlechter, bei der Schiebersteuerung ist er bei voller Öffnung am besten.

2. Der Einlaßquerschnitt soll 10—20% größer als der Auslaßquerschnitt sein.

3. Auch die Strömung nach dem Steuerorgan muß beachtet werden.

4. Auf die Füllung hat die Erwärmung der Ladung großen Einfluß; stationäre Strömungsversuche sind nur sehr bedingt auf den arbeitenden Motor übertragbar.

5. Der Vergleich der Steuerquerschnitte verschiedener Konstruktionen kann zu beträchtlichen Fehlschlüssen führen, weil Durchflußbeiwerte, Strömungsverhältnisse und Erwärmung unter Umständen weit voneinander abweichen.

6. Die Schiebersteuerung ist hinsichtlich Einströmung und Erwärmung der Frischgase wesentlich günstiger als die Ventilsteuerung.

1.3 Wie viele Steueröffnungen?

Ein Steuerkanal ergibt bessere Füllung als zwei Kanäle, selbst wenn diese einen etwas größeren Gesamtquerschnitt haben, weil Wandreibungsverluste und Erwärmung ungünstiger sind, gegebenenfalls stören sich auch die beiden Ströme nach dem Steuerorgan. Nur wenn sich entscheidend größere Steuerquerschnitte ergeben — ihr Vergleich ist nur sehr bedingt möglich —, oder wenn sich die Massenkräfte und thermischen Beanspruchungen nicht mehr beherrschen lassen, sollte eine Verdoppelung vorgenommen werden.

Bei Schiebersteuerungen gibt es Lösungen, bei denen Ein- und Auslaß durch dieselbe Öffnung im Verbrennungsraum gesteuert wird. Dies erscheint nicht günstig, weil während der Überschneidung sowohl Abgase leicht in die Saugleitung eintreten, als auch Frischgase von den Abgasen mitgerissen werden können. Der Weg von Auslaß zu Einlaß sollte möglichst über den ganzen Brennraum führen, so daß tote Ecken mit Abgasresten vermieden werden.

2. Ventilsteuerung

2.1 Allgemeine Betrachtungen und Festlegung der Begriffe

Das Hubventil ist ein äußerst unschönes Bauteil, und man muß sich wundern, daß es gelungen ist, mit ihm die immer weiter gestiegenen Forderungen zu erfüllen. Man kann es kaum glauben, daß das Auslaßventil, das in glühendem Zustand mehrere tausendmal in der Minute schlagartig geöffnet wird und wieder auf seinen Sitz zurückprallt, eine lange Lebensdauer hat und trotz der hohen thermischen und mechanischen Beanspruchung doch verhältnismäßig wenig Anlaß zu Beanstandungen gibt. Das Ventil hat sehr viele schlechte Eigenschaften, jedoch die eine gute, daß es während der Druckzeiten im Zylinder in Ruhe ist, durch den Druck auf seinen Sitz gepreßt wird und dadurch eine gute Abdichtung ermöglicht.

Bei einer Undichtigkeit am Steuerorgan erhitzen die mit sehr hoher Geschwindigkeit durchblasenden heißen Gase die Werkstoffe an der undichten Stelle schweißbrennerartig derart, daß in kurzer Zeit ein Loch entsteht. Wenn ein Ventil in seiner Abdichtung nachläßt, wirkt sich dies zunächst nur auf die Verdichtung aus, und man spürt daher eine Leistungsminderung, durch den Zünddruck wird es jedoch so stark auf seinen Sitz gepreßt, daß es wieder dichtet. Wenn auch dies nicht mehr der Fall ist, dann muß mit baldigem Ausfall des Motors gerechnet werden.

Hätte das Hubventil nicht seine guten Abdichtungseigenschaften, dann gäbe es wohl heute nur noch Schiebersteuerungen, die der Ventilsteuerung mechanisch, thermisch und in der Strömungsführung weit überlegen sind.

2.11 Ventilerhebung

2.111 Theoretische Erhebung. Durch das Steuerdiagramm (s. Abschn. 1.1) ist der Bereich festgelegt, in dem das Ventil öffnen und schließen soll. Um über die Bewegungsvorgänge und die einzelnen Phasen Klarheit zu bekommen, betrachte man Abb. 6. Damit das Ventil abdichten kann, muß der Ventilstößel, solange er

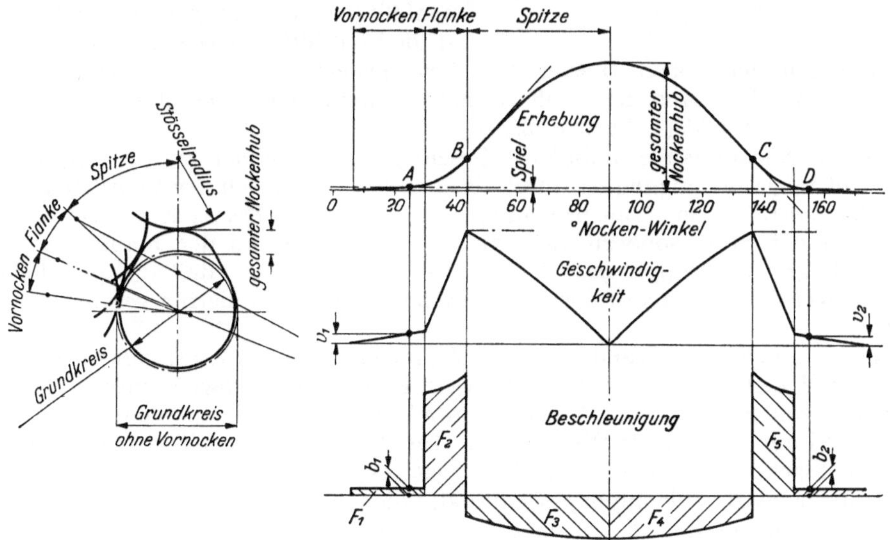

Abb. 6. Die Phasen des Nockens

auf dem Grundkreis des Nockens läuft, zum Ventil Abstand haben, d. h. bei beginnender Nockenerhebung hebt sich zunächst nur der Stößel mit zunehmender Geschwindigkeit. Im Punkt „A", wenn das Ventilspiel erreicht ist, muß das Ventil plötzlich auf die Geschwindigkeit v_1 gebracht werden, es entsteht ein Stoß, dessen Kraft unter gewissen vereinfachenden Annahmen aus

$$S = v_1 \sqrt{m_V\, c} \tag{2}$$

berechnet werden kann.

$m_V =$ Masse am Ventil,
$c =$ Federkonstante des Systems, d. h. Belastung für die Einheit des Federwegs.

Da das Ventilspiel je nach dem Betriebszustand (s. a. Abschn. 2.113), der
Einstellgenauigkeit und der eingetretenen Abnützung in gewissen Grenzen ver-
änderlich ist, andererseits aber der Stoß bei möglichst geringer Geschwindigkeit
erfolgen soll, setzt man, wie in Abb. 6 dargestellt, gerne vor den eigentlichen
Nocken einen Vornocken mit nur geringer
Beschleunigung. Die Wirkung des Vornockens ist leicht zu verstehen, wenn man
wie in Abb. 7 die Ventilgeschwindigkeit
über der Ventilerhebung aufzeichnet.
Der schraffierte Bereich stellt das im Betrieb vorkommende Spiel dar, man sieht
sehr deutlich die Verminderung der Auf-
treffgeschwindigkeit durch den Vornok-
ken. Je kleiner das Ventilspiel ist, desto
geringer sind natürlich die entstehenden
Geräusche. Der Vornockenhub muß größer
als das maximal auftretende Spiel sein,
damit der Stoß bis zum Einsetzen der
Flanke abgeklungen ist und nicht mit den
hohen Beschleunigungskräften zusammenfällt; wird er zu groß gewählt, dann
ist die Ventilöffnung schleichend, was vor

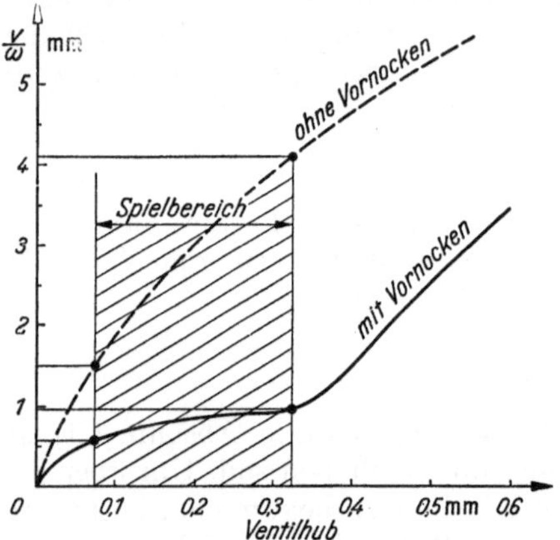

Abb. 7. Einfluß des Vornockens auf die Ventilgeschwindigkeit

allem wegen der hohen thermischen Beanspruchung des Auslaßventils unerwünscht ist. Man kann den Stoß vermeiden, wenn man eine selbsttätige Spielnachstellung vorsieht (s. Abschn. 2.26).

An der Nockenflanke nimmt die Geschwindigkeit schnell zu, die Grenze für
die Flankenbeschleunigung ist durch das zulässige Geräusch der Ventilsteuerung
und die auftretenden Beanspruchungen gegeben. Die Praxis hat gezeigt, daß
nicht nur der Stoß, sondern auch die Beschleunigung an der Flanke auf das
Geräusch großen Einfluß hat. Man kann sich vorstellen, daß die plötzlichen
Bewegungen in den Lagern der Nockenwelle, Hebel usw. hierfür verantwortlich
sind.

Nach Erreichen des Wendepunktes „B" möchte sich das Ventil mit konstanter
Geschwindigkeit nach der strichpunktierten Linie weiterbewegen, unter Vernachlässigung von Reibung und Luftwiderstand muß es durch die Ventilfeder verzögert und am Nocken gehalten werden. Im Beschleunigungsdiagramm muß die
positive Fläche ($F_1 + F_2$) gleich der negativen Fläche F_3 sein. Dies kann zur
Kontrolle eines Beschleunigungsschaubildes dienen.

Nach Überschreiten des höchsten Nockenpunktes wird das Ventil durch die
Ventilfeder wieder in Bewegung gesetzt, seine kinetische Energie an der Stelle „C"
wird durch die Nockenflanke abgefangen, mit der Geschwindigkeit v_2 setzt es auf
seinen Sitz auf. Die Fläche F_4 muß wieder gleich sein ($F_5 + F_6$). Meist ist die
Ventilerhebung symmetrisch, so daß F_1, F_2, F_3 gleich F_6, F_5, F_4 ist. Da die Ventilfeder nur eine beschränkte Kraft aufbringen kann, muß der Nockenwinkel für
die Spitze sehr viel größer als für die Flanke gemacht werden, die Flächen F_2
und F_5 sind schmal und hoch, F_3 und F_4 dagegen breit und niedrig. Ersetzt man
die Ventilfeder durch einen besonderen Rückführnocken, der das Ventil in kür-
zerer Zeit verzögert, dann kann man die Flankenbeschleunigung länger wirken
lassen und bekommt bei größerem Ventilhub entsprechend günstigere Steuerquerschnitte (s. a. Abb. 52). Eine derartige Ventilsteuerung nennt man *Zwangssteuerung*, im englischen Sprachgebrauch „desmodromic valve gear".

2.112 Tatsächliche Erhebung. Die tatsächliche Ventilerhebung weicht von der theoretischen leider nicht unerheblich ab. Die Ursache hierfür liegt in der elastischen Nachgiebigkeit der Übertragungselemente, der Nockenwelle selbst und des Nockenwellenantriebes (s. a. Abschn. 2.33 und [47, 49]). Da aus den Kräften und ihrem Abstand zur Nockenwellenmitte ein Drehmoment entsteht, will der Nocken im Anlauf zurückbleiben, im Ablauf voreilen. Dies ergibt kürzere Winkel, als der Rechnung zugrunde gelegt waren, und auch höhere Beschleunigungen und Verzögerungen. Die gleiche Wirkung hat das elastische Zusammendrücken der Übertragungsteile, weil die Zeiten für die Bewegungen verkürzt werden.

In Abb. 8 ist der Verzerrungsvorgang für einen Motor mit gemeinsamer Nockenwelle für Ein- und Auslaß dargestellt. Beim Auslaßbeginn wird die Ventilerhebung zurückbleiben, rückdrehendes Moment am Nocken, Zusammendrücken der Übertragungsteile. Der Ausgleich der Elastizitäten bewirkt eine Erhöhung der Flankenbeschleunigung, die Zeiten sind verkürzt, und die Ventilfeder reicht an

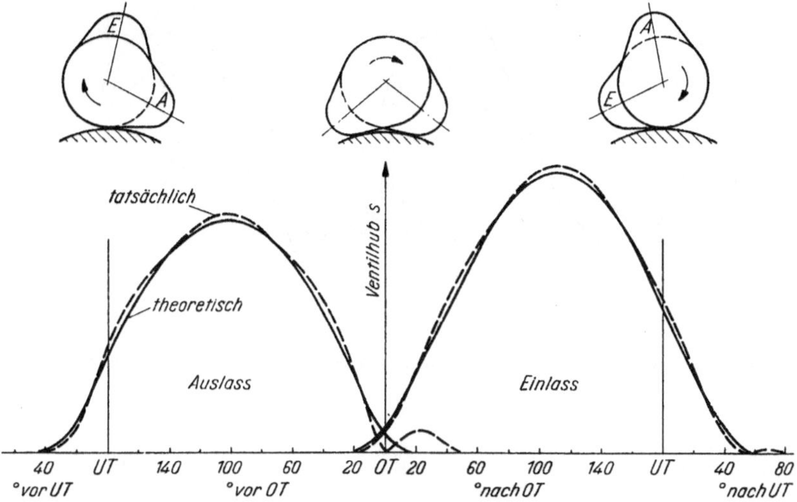

Abb. 8. Abweichung der tatsächlichen Ventilerhebung von der theoretischen

der Spitze nicht mehr aus, um den Kraftschluß Nocken—Ventil zu erhalten; das Ventil springt über die Nockenspitze, setzt hinter dieser auf den Nocken auf und erteilt diesem ein vorwärtsgerichtetes Drehmoment, wobei die Übertragungsteile wiederum elastisch zusammengedrückt werden.

Der Stoß beim Aufsetzen des Ventils auf seinen Sitz ist sehr heftig, der Sitz federt nach und kann das Ventil nochmals aufwerfen. Da gleichzeitig, sofern es sich um eine gemeinsame Nockenwelle für Ein- und Auslaß handelt, die plötzlich auftretenden Kräfte am Einlaßventil die Nockenwelle wieder rückwärts drehen wollen, kann das nochmalige Öffnen des Auslaßventils auch durch den zurückkehrenden Auslaßnocken begünstigt werden. Die Ventilerhebung zeigt dann die in Abb. 8 erkennbare Nachöffnung.

Die Einlaßerhebung bleibt zunächst wieder hinter den errechneten Werten zurück, jedoch meist nicht so stark wie beim Auslaß, weil bei diesem durch den zusätzlichen Gasdruck auf das Ventil höhere Drehmomente wirken, auch gleicht bei gemeinsamer Nockenwelle das vorwärtsdrehende Moment des Auslaßnockens das Rückdrehen des Einlaßnockens etwas aus. Je weniger die tatsächliche Erhebung von der rechnerischen abweicht, desto weniger springt das Ventil über die Nockenspitze. Beim Nockenablauf bleibt die tatsächliche Erhebung zurück, wieder kann ein Nachöffnen eintreten.

Durch welche Maßnahmen kann man die Abweichungen der Ventilerhebung mindern? Vor allem müssen die bewegten Massen möglichst klein und steif gemacht werden, dann muß die Nockenwelle dreh- und biegesteif sein, die Lagerstellen dürfen nicht nachgeben, und auch der Nockenwellenantrieb soll geringe Elastizität haben. Die zulässigen Beschleunigungen sind in wesentlichem Maße von der Konstruktion der Ventilsteuerung abhängig, große bewegte Massen, die zwangsläufig nachgiebig werden, lassen nur geringe Ventilbeschleunigungen zu; sie verlangen natürlich auch sehr hohe Federreserven (s. a. Zahlentafel 4, S. 67).

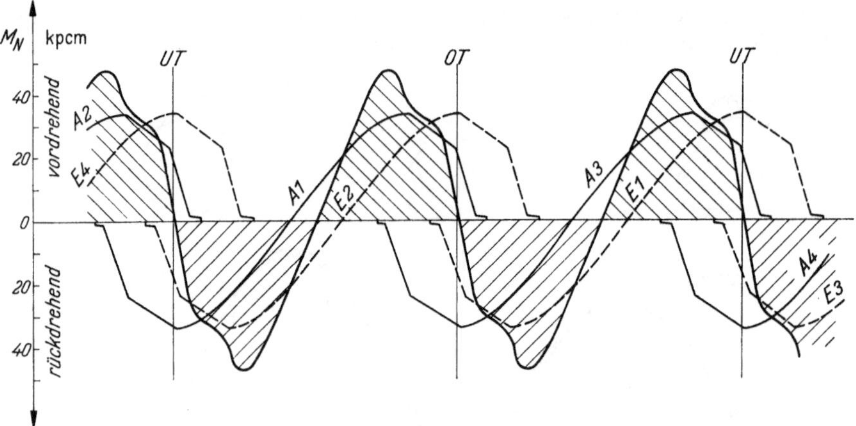

Abb. 9. Drehmoment an der Nockenwelle durch die Ventilfedern bei einem Vierzylindermotor

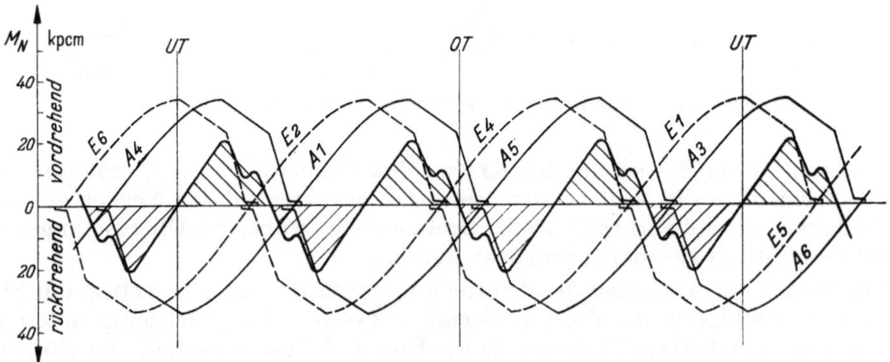

Abb. 10. Drehmoment an der Nockenwelle durch die Ventilfedern bei einem Sechszylindermotor

In Abb. 9 und 10 ist der theoretische Drehmomentverlauf, der sich bei gemeinsamer Nockenwelle für Ein- und Auslaß durch den Ventilfederdruck am Nocken ergibt, für einen 4- und einen 6-Zylinder-Motor bei gleichen Nocken dargestellt. Man erkennt die geringeren Ausschläge beim 6-Zylinder-Motor, darf aber nicht übersehen, daß sich durch die Elastizität der Nockenwelle selbst die Ungleichförmigkeit weiter entfernt liegender Nocken weniger auswirkt als diejenige benachbarter Nocken.

Man hat schon versucht, durch einen Entlastungsnocken (s. Abb. 11) das Drehmoment der 4-Zylinder-Nockenwelle gleichmäßiger zu machen. Auch als man nicht das theoretische Drehmoment, sondern das durch Messungen ermittelte tatsächliche Moment zugrunde legte, entsprach das Ergebnis wohl deshalb nicht den Erwartungen, weil die Massen am Entlastungsnocken kaum gleich den Massen der Ventile gemacht werden können und der Ausgleich damit nur für eine bestimmte Drehzahl stimmt. Erfolge erzielte die Fa. Junkers mit Schwungscheiben an den Nockenwellenenden des Jumo-„213"- Flugmotors, eine Beruhigung der Nocken- welle tritt dann ein, wenn die Schwung- massen groß genug sind.

Nicht außer acht gelassen werden darf der Antrieb der Nockenwelle, der vor allem bei sehr hochdrehenden Motoren steif sein muß.

Eine Vorausberechnung der tatsächlichen Ventilerhebung ist möglich, wenn die Elasti- zitäten der Ventilsteuerung und ihres Antrie-

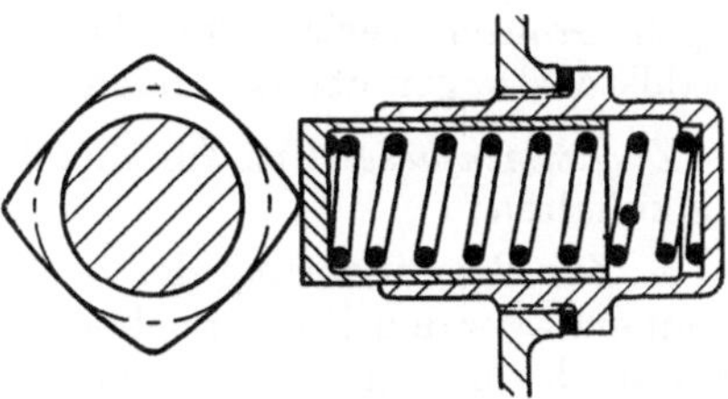

Abb. 11. Entlastungsnocken eines Vier- zylinder motors

bes bekannt sind (s. Abschn. 2.34). Bei ausgeführten Motoren kann man die Steifigkeit durch Messung bestimmen, beim Neuentwurf berechnet man die zu erfassenden Teile, die übrigen schätzt man nach der Erfahrung, die man bei ausgeführten Motoren gewonnen hat (s. a. Zahlentafel 4, S. 67). Wie sich gezeigt hat, stimmt die Berechnung mit der Praxis recht gut überein.

2.113 Ventilspiel. Das Ventilspiel ist vom Betriebszustand des Motors abhängig. Bei der Erwärmung des kalten Motors dehnt sich vor allem das Auslaß- ventil, das im Strom der heißen Abgase liegt, stark aus, die übrigen Bauteile des Motors folgen jedoch nur langsam nach. Je nach der vorliegenden Konstruktion ändert sich das Ventilspiel mehr oder weniger, bei jeder Neukonstruktion muß

die Veränderung zur Prüfung des gewählten Vornocken- hubs und zur Festlegung des kalt einzustellenden Spiels ermittelt werden. Man kann in einfacher Weise dadurch zu einem Ergebnis kommen, daß man den Nocken ver- kupfert und so lange das Ventilspiel verändert, bis sich am Grundkreis Lauf- spuren zeigen. Den genauen Verlauf der Spielverände- rung kann man auf elektri-

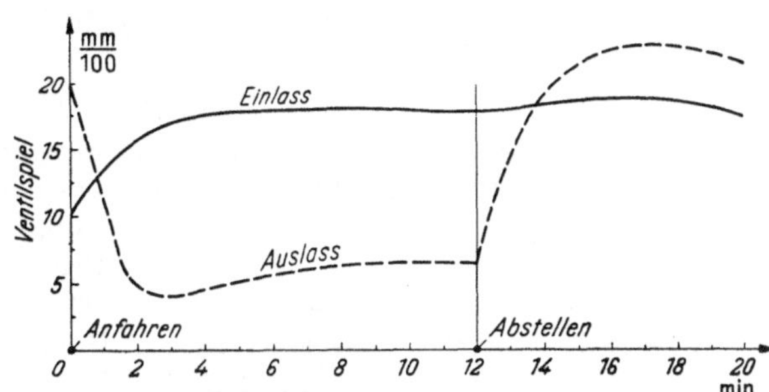

Abb. 12. Änderung des Ventilspiels bei einem Motor mit obenliegender Nockenwelle

schem Wege messen [5]; die Abb. 12 zeigt als Beispiel die Veränderung des Ventilspiels bei einem Motor mit obenliegender Nockenwelle. Das Auslaßspiel wird zunächst schnell kleiner, nimmt aber mit Erwärmung des Zylinderkopfes wieder etwas zu, das Einlaßspiel dagegen wächst gleichmäßig an, weil das Ein- laßventil nicht so heiß wird. Nach dem Abstellen wird das Auslaßventilspiel schnell größer, weil sich das heiße Ventil rasch abkühlt, das kältere Einlaßventil dagegen ändert sich nur langsam. Vor allem bei Leichtmetallzylinderköpfen muß darauf geachtet werden, daß Ventilspiel auch bei extrem niederen Temperaturen

vorhanden ist — der Zylinderkopf verkürzt sich mehr als das Ventil —, sonst
kann der Motor nicht anspringen.

Jeder Motor verhält sich anders, am ungünstigsten sind Stoßstangenmotoren
(s. Abschn. 2.12), vor allem wenn sie luftgekühlt sind, weil hier die Unterschiede
in der Längendehnung besonders groß sind. Zum Ausgleich des Temperatur-
einflusses auf das Ventilspiel hat man schon bei luftgekühlten Flugmotoren die
Kipphebeldrehachsen auf dem Zylinderkopf beweglich angeordnet und über ein
Gestänge mit dem Zylinder derart verbunden, daß sich das Ventilspiel nur in
engen Grenzen veränderte. Auch läßt sich zuweilen durch Leichtmetall- statt
Stahlstoßstangen etwas erreichen.

Zusammenfassend ist für den Entwurf der Ventilerhebung bzw. des Nockens
festzuhalten:

1. Zur Verminderung des Stoßes beim Beginn und Ende der Ventilerhebung
kann man vor den Hauptnocken einen Vornocken setzen. Dessen Hub muß größer
sein als das maximal auftretende Spiel, je länger sein Winkel, desto besser wirkt
er, desto schleichender wird aber auch die Ventilöffnung, was beim Auslaßventil
der hohen thermischen Beanspruchungen wegen nachteilig ist.

2. Die tatsächliche Ventilerhebung weicht von der errechneten aus Elastizi-
tätsgründen ab, je größer und nachgiebiger die bewegten Massen sind, desto mehr
werden die Öffnungszeiten verkürzt. Auch die Verdrehung und Durchbiegung
der Nockenwelle und die Elastizität ihres Antriebes wirken sich aus.

3. Je geringer und steifer die bewegten Massen sind, desto höhere Flankenbeschleunigungen sind möglich.

4. Nicht nur durch den Stoß beim Ventilöffnen und -schließen, sondern auch
durch die Flankenbeschleunigung wird das Steuerungsgeräusch beeinflußt.

5. Wegen der Elastizitäten in der Steuerung müssen die Ventilfedern beträchtliche Reserven haben. Diese können um so geringer sein, je steifer die bewegten
Massen, die Nockenwelle und ihr Antrieb sind.

6. Die tatsächliche Ventilerhebung kann mit guter Genauigkeit errechnet
werden, die Kenntnis der Elastizitäten ist jedoch erforderlich.

2.12 Steuerungsbauarten

Verbrennungsraum und Ventilsteuerung hängen eng miteinander zusammen.
Die einfachste Ausführung, die heute nur noch wenig angewandt wird, ist diejenige mit „stehenden Ventilen" — abgekürzt „*sv*" (side valves) bezeich-
net —, d. h. der Ventilschaft weist in Richtung zur Kurbelwelle (s.Abb. 13).
Die häufige Bezeichnung „unten ge-steuert" sollte gemieden werden, weil
hierdurch die auch in anderen Fällen untenliegende Nockenwelle verstan-
den werden kann und Irrtümer ent-stehen.

Die stehenden Ventile zwingen zu einem seitlich verlagerten Brennraum
mit großer Oberfläche. Es ist vor allem durch die Arbeiten von RICARDO
[6] gelungen, recht gute Leistungen mit diesem Brennraum zu erzielen,

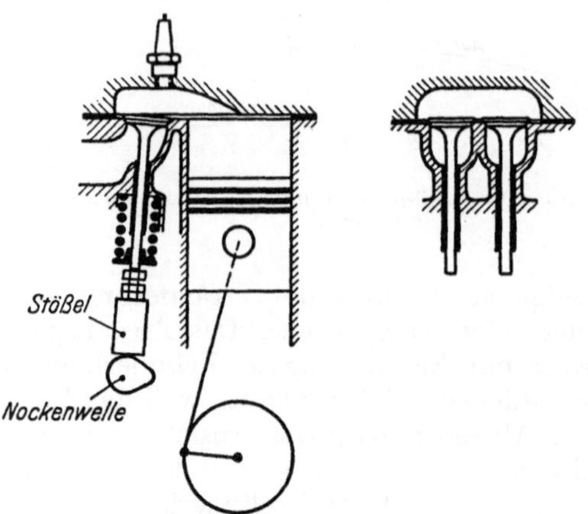

Abb. 13. Stehende Ventile

bei den heutigen kurzhubigen Motoren bereitet jedoch die immer weiter wachsende Verdichtung erhebliche Schwierigkeiten, heute sind stehende Ventile kaum noch zu finden. Die Ventilquerschnitte, die sich unterbringen lassen, sind beschränkt, und die Ein- und Ausströmverhältnisse werden durch die Verbrennungsraumwände ungünstig beeinflußt. Nachteilig ist auch der schwer zu kühlende Steg zwischen den eng nebeneinander angeordneten Ventilen. Bei Motoren für Personenwagen ist die Zugänglichkeit zur Ventilspieleinstellung bei stehenden Ventilen sehr schlecht, durch automatische Spielnachstellung (s. Abschn. 2.26) half man sich.

Eine andere häufig anzutreffende Bauart ist in Abb. 14 dargestellt, die Ventile sind „hängend" — abgekürzt „*ohv*" (overhead valves) —, d. h. ihr Schaft ist von der Kurbelwelle weggerichtet. Die einfachere Ausführung zeigt Abb. 14a, die Ventile sind parallel und daher in ihrer Größe beschränkt, die Kühlung zwischen den Ventilkanälen ist schwierig; der Brennraum ist flach, er kann auch entsprechend der gestrichelten Linie eine Stufe enthalten.

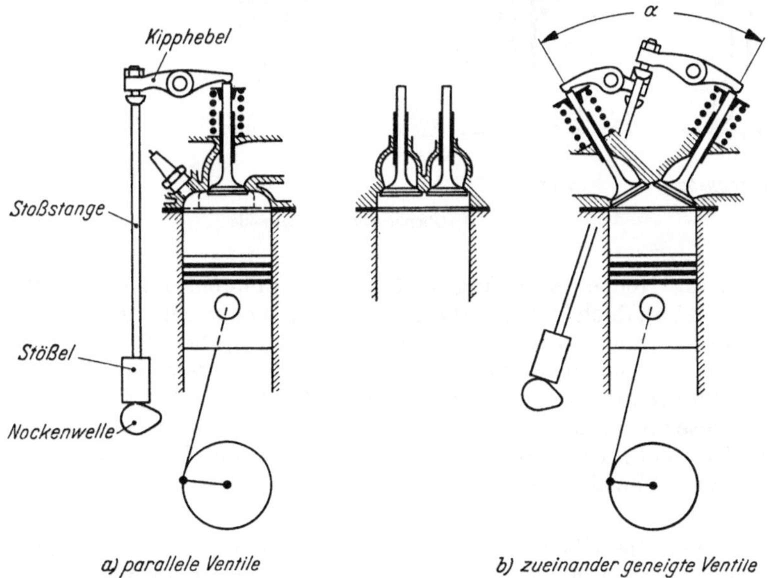

Abb. 14 a u. b. Hängende Ventile mit untenliegender Nockenwelle

Wesentlich günstiger hinsichtlich Brennraum, Ventilquerschnitt, Ein- und Ausströmung sowie Kühlung ist die Ausführung nach Abb. 14b, allerdings sind Bauaufwand und Herstellungskosten beträchtlich höher, die Ventile sind um den Winkel α zueinander geneigt. Die Anordnung bringt beim Reihenmotor Saug- und Abgasleitung auf verschiedene Seiten, was bei Saugrohrvorwärmung durch die Abgase unerwünscht ist.

Die Übertragung der Nockenbewegung auf die Ventile erfolgt bei beiden Anordnungen der Abb. 14 meist über Stößel, Stoßstangen und Kipphebel, die bewegten Massen sind groß und nachgiebig, man kann daher in den Beschleunigungen nicht weit gehen; auch die Beherrschung des Ventilspiels ist vor allem bei luftgekühlten Motoren schwierig. Die in Abschn. 2.26 behandelte hydraulische Spielnachstellung bringt Abhilfe, jedoch nochmals eine Verminderung der zulässigen Beschleunigungen.

2*

Die beste Steuerungsbauart hinsichtlich geringer und steifer bewegter Massen ist diejenige mit obenliegender Nockenwelle — abgekürzt „*ohc*" (overhead camshaft) — (s. Abb. 15). Sehr günstig baut sich diese in Verbindung mit Schwinghebeln, auch Schlepphebel genannt (s. Abb. 15a); zu beachten ist die in Abschn. 2.31 behandelte, häufig falsch konstruierte Kinematik. Es genügt eine Nockenwelle für Ein- und Auslaß, auch wenn die Ventile quer zur Nockenwellenachse in gewissen Grenzen zueinander versetzt sind, wodurch man trotz guter Kühlung des Zwischensteges sehr große Ventilquerschnitte unterbringen kann (s. a. Abb. 24). Die Spieleinstellung läßt sich beim Schwinghebel meist gut und zugänglich lösen.

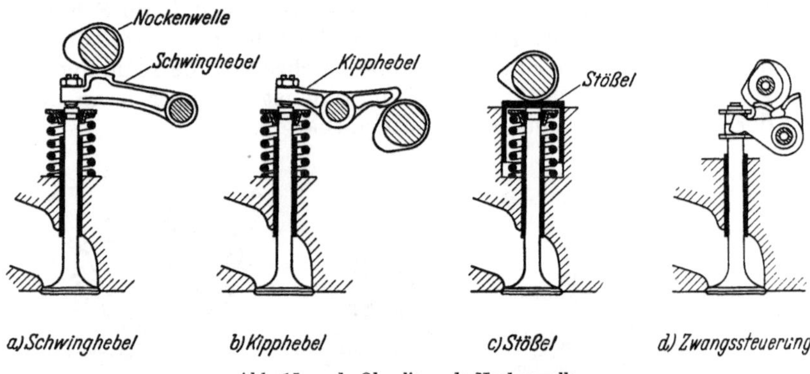

Abb. 15 a—d. Obenliegende Nockenwelle

Man kann die Nockenbewegung auch über Kipphebel auf die Ventile übertragen (s. Abb. 15b), doch hat man dann im Gegensatz zur Schwinghebelkonstruktion nach Abb. 15a hohe Kräfte in der Hebellagerung; die Elastizität des Kipphebels und seiner Lagerung wirkt sich sehr stark aus, zudem hat ein Ausweichen des Kipphebeldrehpunktes etwa den doppelten Fehler am Ventil zur Folge [48]. Der Gewinn dieser obenliegenden Nockenwelle gegenüber der untenliegenden mit Stoßstangen ist nicht sehr erheblich, Schwinghebel mit möglichst kleinem Abstand des Nockens zum Ventil sind bedeutend günstiger und daher nach Möglichkeit vorzuziehen.

Abb. 15c zeigt die Übertragung der Nockenbewegung auf das Ventil über einen Stößel, die bewegten Massen sind jedoch größer als beim Schwinghebel und die Herstellungskosten höher, auch die Spieleinstellung ist kaum zugänglich unterzubringen. Wenn man den Nocken unmittelbar auf den Ventilschaft wirken läßt, erhält man Seitenkräfte auf die Ventilführung und muß mit erhöhter Abnutzung am Ventilschaft rechnen.

In Abb. 15d ist noch eine Zwangssteuerung dargestellt, bei dieser entfällt die Ventilfeder, das Ventil wird durch einen Gegennocken zurückgeführt.

2.2 Ausgeführte Konstruktionen

Aus der Fülle ausgeführter Steuerungskonstruktionen sollen charakteristische Vertreter gezeigt und kritisch besprochen werden, um die besonderen Eigenarten der verschiedenen Bauweisen deutlich zu kennzeichnen. Je niedriger die Betriebsdrehzahlen eines Motors sind, desto leichter ist die Ventilsteuerung zu beherrschen, weil die Beschleunigungskräfte mit dem Quadrat der Winkelgeschwindigkeit wachsen, die größeren Massen und Ventilhübe der Langsamläufer machen diesen Einfluß nicht wett [7]. Kraftfahrzeugmotoren, bei denen überdies auf geringes Geräusch der Ventilsteuerung besonderer Wert gelegt wird, stellen die höchsten Anforderungen an den Konstrukteur.

2.21 Stehende Ventile

Abb. 16 zeigt den Schnitt durch den Daimler-Benz-„170 V"-PKW-Motor, der in seiner Weiterentwicklung als „170 S" (Fallstromvergaser, neue Nockenwelle und abgeänderter Brennraum) auf eine Kolbenflächenleistung N_e/F_K von nahezu 0,3 PS/cm² gebracht wurde[1]. Die im Brennverfahren gehärtete Stahlnocken-

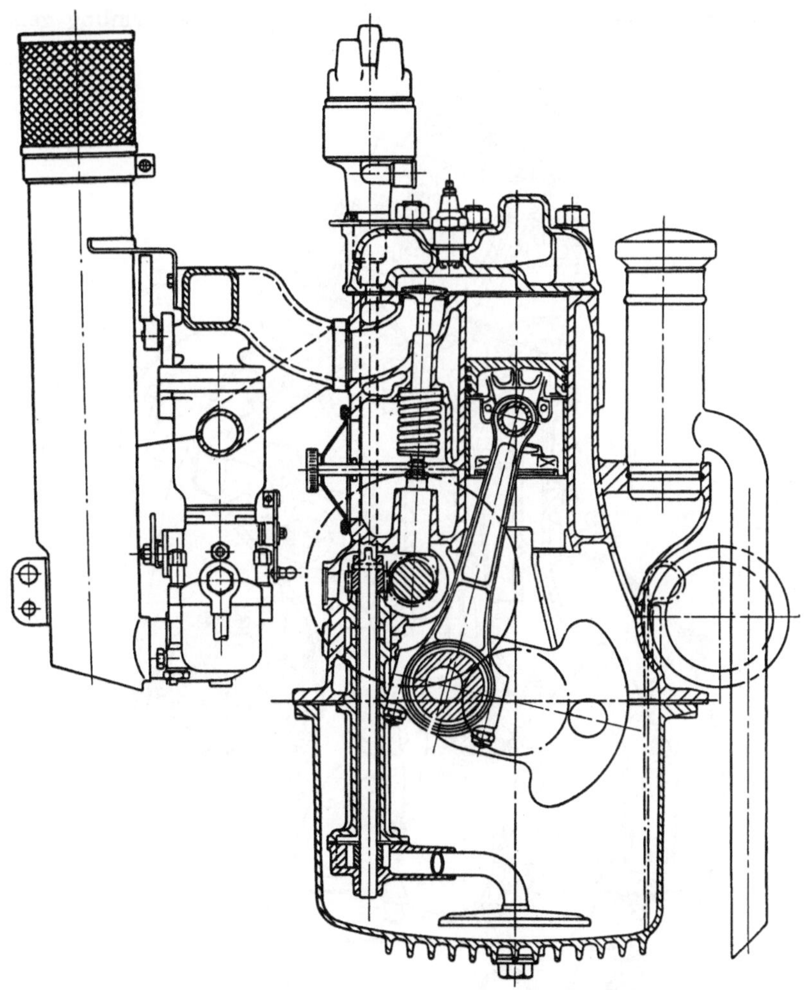

Abb. 16. Daimler-Benz-„170 V"-PKW-Motor (Baujahr 1939)

---

[1] Beim Vergleich von Motoren mit sehr unterschiedlichen Zylinderabmessungen ist nur die Kolbenflächenleistung als Vergleichswert brauchbar; die meist gebrauchte Literleistung wird durch die Zylindergröße zu stark beeinflußt.

welle betätigt über Gußeisenstößel, die an ihrer Stirnseite durch Abschrecken weiß
erstarrt und daher sehr hart sind (s. a. Abb. 78), die Ventile. Um ein Ausschlagen
der Ventilsitze zu verhindern, sind bei den Auslaßventilen Sitzringe aus Spezial-
gußeisen eingesetzt. Man erkennt in Abb. 16 deutlich die durch die Brennraum-
wand gestörten Ein- und Ausströmverhältnisse. Beide Ventile haben gleichen
Hub, jedoch unterschiedliche Durchmesser. Der Antrieb der Nockenwelle erfolgte
früher durch schrägverzahnte Stirnräder, von denen das große aus Kunststoff
hergestellt war, später wurde auf Doppelrollenkette umgestellt.

Die Übertragungsteile vom Nocken zum Ventil und auch der Nockenwellen-
trieb sind bei stehenden Ventilen sehr steif, man kann daher hohe Flankenbeschleunigungen zulassen (s. a. Zahlentafel 4, S. 67). Die in der Tafel aufgeführte
Federkonstante der Ventilsteuerung wurde so bestimmt, daß das auf maximalen
Hub gestellte Ventil belastet und die dabei entstehende Verformung gemessen

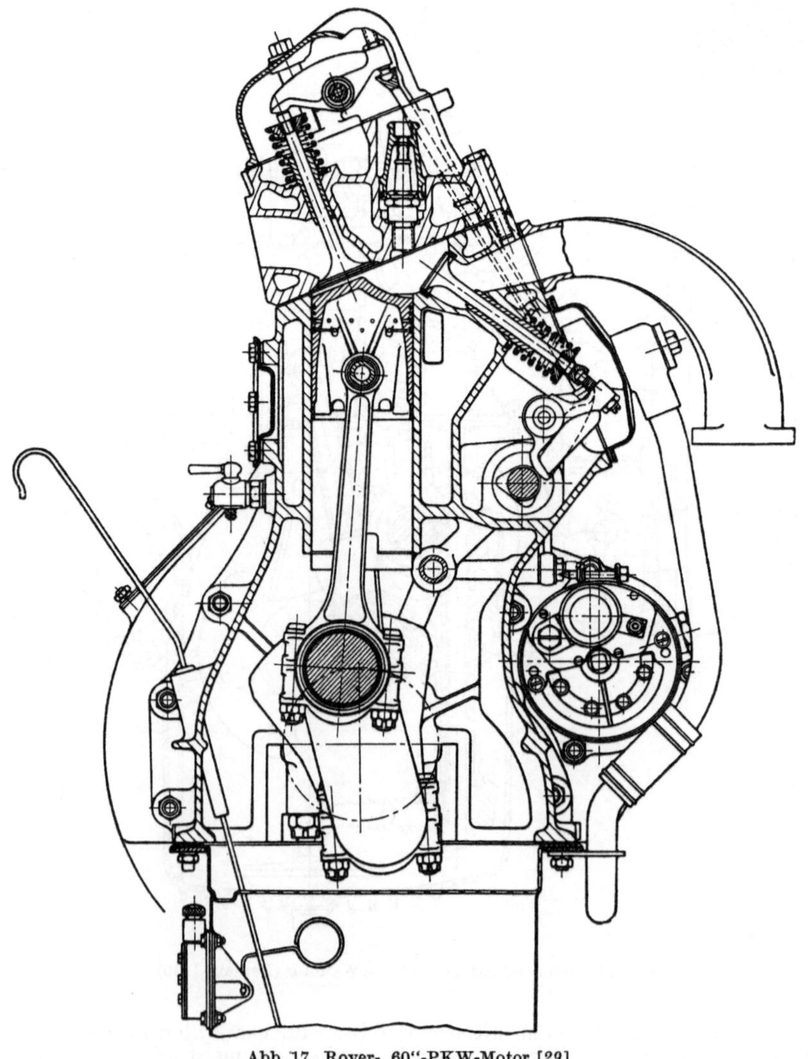

Abb. 17. Rover-„60"-PKW-Motor [29]

wurde; die Verdrehung der Nockenwelle ist hierbei nicht enthalten (s. a. Abschn. 2.34).

2.22 Ein stehendes und ein hängendes Ventil

Um einen zusammengeballten Brennraum und große Einlaßventilquerschnitte zu bekommen, wurde beim Rover-,,60‘‘-PKW-Motor das Einlaßventil hängend und das Auslaßventil stehend angeordnet (s. Abb. 17). Die Übertragung der Nockenbewegung erfolgt über Kipphebel, deutlich ist zu erkennen, daß die Bewegung des Ballenmittelpunktes und nicht etwa des Berührungspunktes auf einem Strahl durch die Nockenmitte erfolgt (s. a. Abschn. 2.31). Zum Antrieb der Nockenwelle dient eine Doppelrollenkette.

Ein günstiger Brennraum und ein großes Einlaßventil wurden beim Rover,,60‘‘ erzielt, doch ist der Aufwand sehr beträchtlich, das Motorgewicht hoch und die Herstellung teuer. Auch die Ventilspieleinstellung unten und oben ist sehr unbequem. Da Saug- und Auslaßstutzen auf verschiedenen Seiten des Motors liegen, ist eine Vorwärmung des Saugrohres durch Abgase kaum zu verwirklichen. Diese Bauart wurde inzwischen verlassen.

2.23 Parallele, hängende Ventile mit untenliegender Nockenwelle

Parallel hängende Ventile mit untenliegender Nockenwelle sind vielfach anzutreffen. Abb. 18 zeigt als Beispiel den Opel-,,Kadett‘‘-PKW-Motor. Über Stößel, Stoßstangen und Kipphebel werden die Ventile betätigt. Da sie in Motorlängsachse hintereinander liegen, ist ihre Größe beschränkt. Die Übertragungsteile haben hohes Gewicht und große Elastizität, die zulässigen Ventilbeschleunigungen sind daher verhältnismäßig nieder.

Die Bauart hat den Vorteil geringer Herstellungskosten und günstigen Motorgewichts, Ein- und Auslaß münden auf die gleiche Motorseite, so daß eine Vorwärmung des Saugrohres durch den Auspuff leicht zu bewerkstelligen ist.

Prinzipiell die gleiche Steuerungskonstruktion hat der in Abb. 19 dargestellte Deutz-8-Zylinder-,,F 8 L 614‘‘-Diesel-LKW-Motor. Im V befindet sich die Nockenwelle für beide Zylinderreihen. Beim luftgekühlten Motor ist die Veränderung des Ventilspiels durch die unterschiedliche Dehnung von Stoßstangen einerseits und Zylinder und Zylinderkopf andererseits beträchtlich, ein höheres Geräusch der Ventilsteuerung muß in Kauf genommen werden.

Um trotz des breitbauenden V-Motors günstige Verhältnisse zu bekommen, wurden beim Buick-,,V 8‘‘-PKW-Motor die parallelen Ventile zur Zylinderachse stark geneigt angeordnet (s. Abb. 20). Der Brennraum ist hier dachförmig, die nebeneinander liegenden Ventile sind

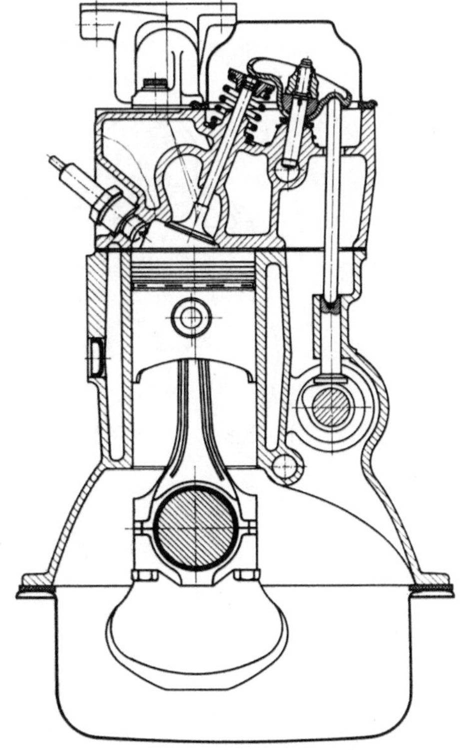

Abb. 18. Opel-,,Kadett‘‘-PKW-Motor

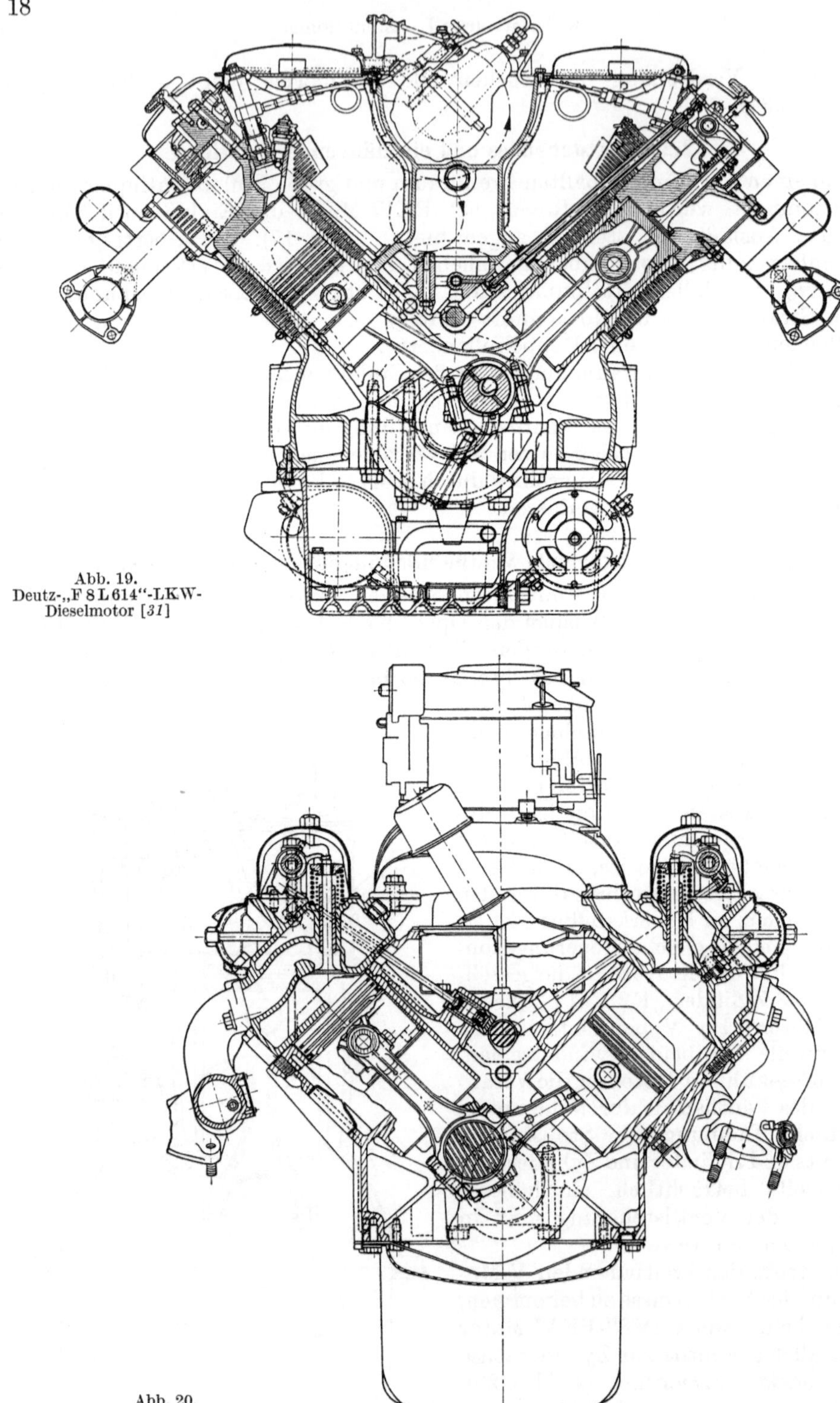

Abb. 19.
Deutz-„F 8 L 614“-LKW-
Dieselmotor [31]

Abb. 20.
Buick-„V 8“-PKW-Motor [32]

in ihrer Größe beschränkt; gut ist die Zugänglichkeit zu den Zündkerzen. Im V befindet sich wiederum die Nockenwelle, die Stößel sind mit automatischer Spielnachstellung (s. Abschn. 2.26) versehen.

2.24 Zueinander geneigte, hängende Ventile mit untenliegender Nockenwelle

Der kalottenförmige Brennraum gilt allgemein als günstigste Bauart, weil das Verhältnis Oberfläche zu Volumen klein ist. Die zueinander geneigten Ventile ergeben sehr gute Ein- und Ausströmverhältnisse ohne Störung durch die Brennraumwände. Auch können größere Ventile untergebracht werden als bei paralleler Ventilanordnung.

Abb. 21 zeigt den Armstrong-Siddeley-„Sapphire"-PKW-Motor. Die durch eine Doppelrollenkette angetriebene Nockenwelle liegt unten und betätigt über

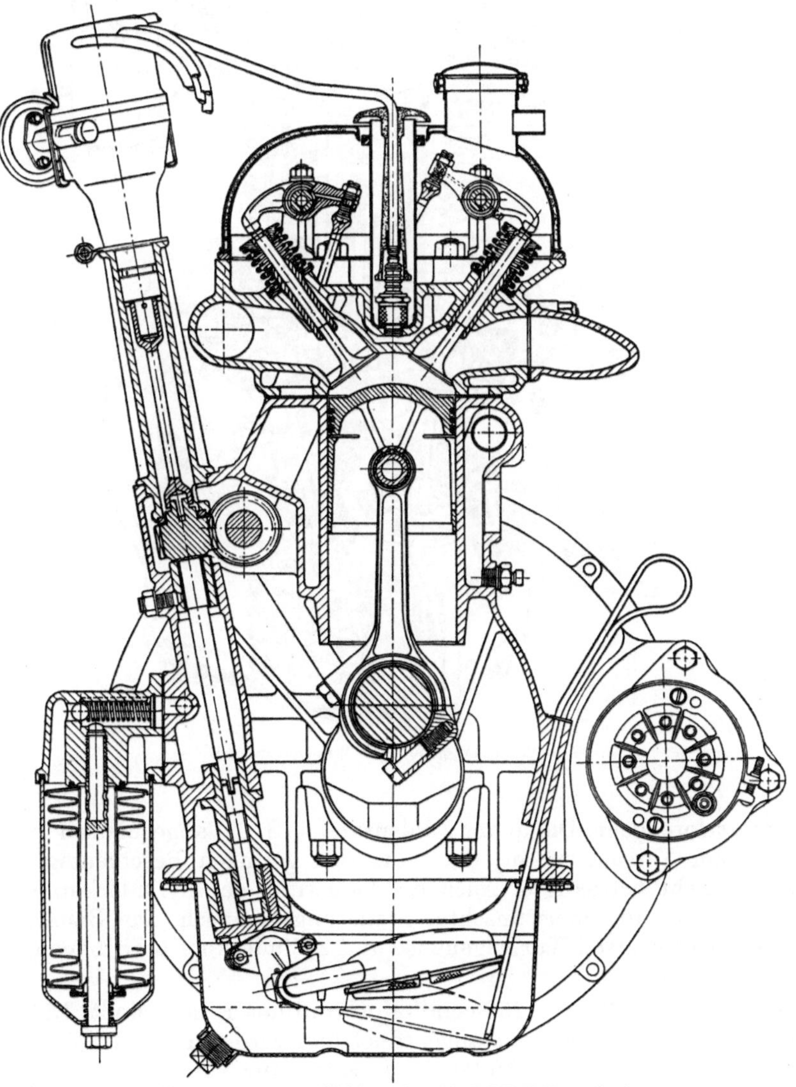

Abb. 21. Armstrong-Siddeley-„Sapphire"-PKW-Motor [33]

schräge Stößel, Stoßstangen und Kipphebel die Ventile. Diese Ausführung, erstmalig von Daimler-Benz angewandt, ist heute häufig anzutreffen. Nachteilig ist die schlecht gekühlte, schwer zu isolierende und unzugängliche Zündkerze. Die Übertragungsteile vom Nocken zum Ventil sind verhältnismäßig schwer und elastisch, so daß nur niedere Beschleunigungen zugelassen werden können und der Vorteil der günstigen Querschnitte und guten Strömungsverhältnisse zum

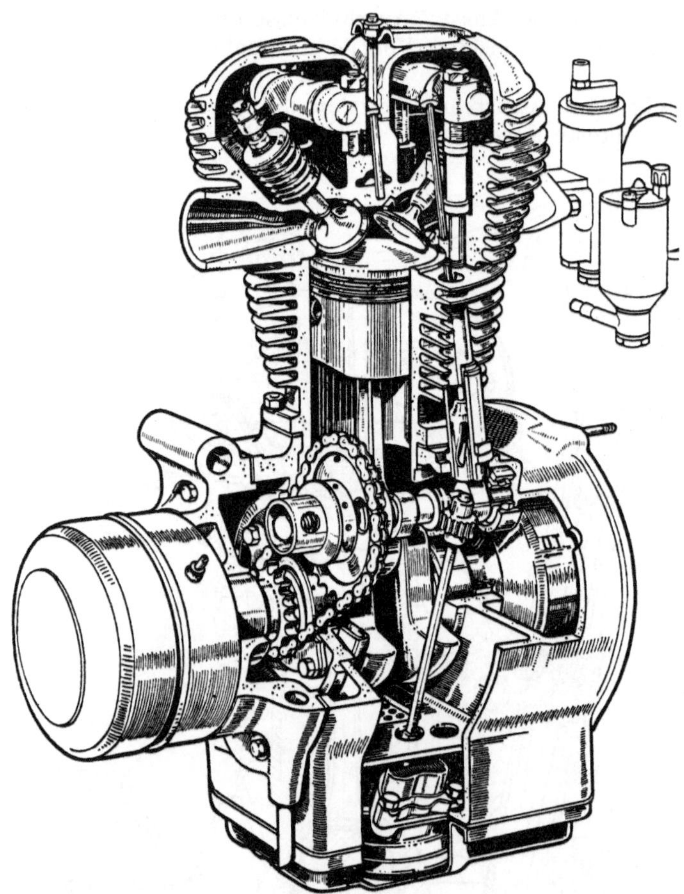

Abb. 22. BMW-„250-ccm"-Motorradmotor [*34*]

Teil wieder verlorengeht. Die in der Zahlentafel 4 (S. 67) angegebenen Werte entstammen einem Versuchsmotor, der trotz den geringen Beschleunigungen geräuschmäßig nicht befriedigte. Auch die Isolierung der Zylinderkopfhaube des „Sapphire" deutet auf unerwünschtes Steuerungsgeräusch. Die Bauart ist verhältnismäßig schwer, weil Kurbelgehäuse und Zylinderkopf breit bauen, auch ist die Herstellung teuer.

In Abb. 22 ist der BMW-„250-ccm"-Motorradmotor dargestellt. Die Nockenwelle ist parallel zur Kurbelwelle angeordnet und wird durch eine Einfachrollenkette angetrieben; wiederum erfolgt die Übertragung vom Nocken über Stößel, Stoßstangen und Kipphebel auf die Ventile. Da es sich nur um einen Einzylinder-

motor handelt, ist die Zündkerze auf der linken Motorseite sehr gut zugänglich.
Der Zylinderkopf ist aus Leichtmetall, beide Ventile haben daher Sitzringe. Zahlreiche Viertaktmotorradmotoren haben eine ähnliche Steuerungskonstruktion,
häufig ist die Nockenwelle jedoch quergestellt und betätigt über kurze Schwinghebel die Stoßstangen, es ist dann möglich, mit nur einem Nocken auszukommen
(s. a. S. 26).

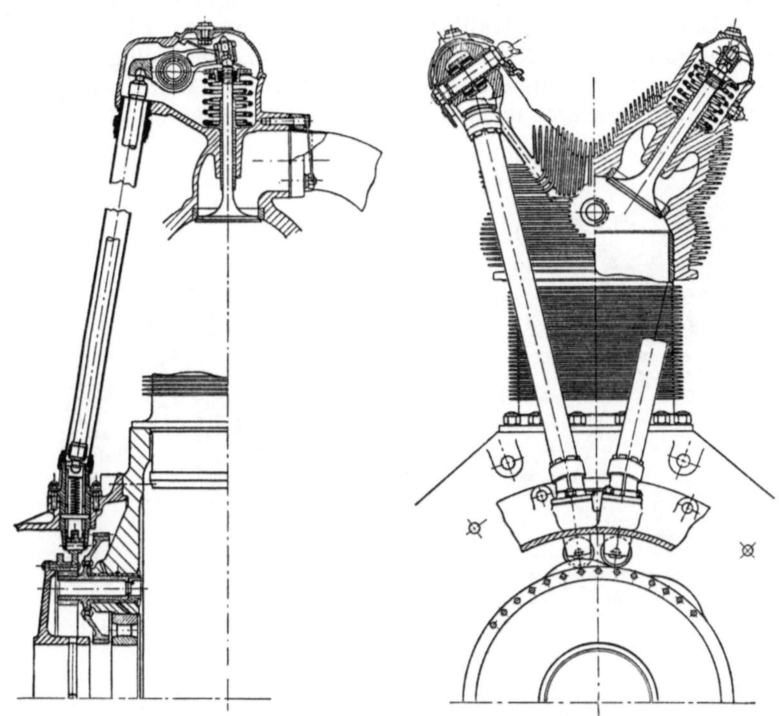
Abb. 23. BMW-9-Zylinder-Flugmotor [35]

Die Ventilsteuerung des BMW-9-Zylinder-Sternflugmotors zeigt Abb. 23. Die
Nockentrommel hat 4 Nockenpaare, die Stößel sind mit Rollen versehen. Der
stark verrippte Zylinderkopf aus Leichtmetall hat Ventilsitzringe und ist auf den
Stahlzylinder mit Schrumpfspannung aufgeschraubt.

2.25 Obenliegende Nockenwelle

Die geringsten bewegten Massen und sehr steife Übertragungsteile weist die
obenliegende Nockenwelle auf. Sie hätte sich sicher allgemein durchgesetzt, wenn
zuverlässige und nicht zu teure Lösungen für ihren Antrieb bekannt gewesen wären.
Neuerdings bürgert sich die obenliegende Nockenwelle wegen der ständig zunehmenden Betriebsdrehzahlen immer mehr ein, zumal in der Kette und auch im
Zahnriemen einfache und billige Antriebe gefunden wurden (s. Abschn. 2.43 und
2.44).

Eine Ausführung mit einer Nockenwelle und Übertragung der Nockenbewegung auf die Ventile über Schwinghebel zeigt Abb. 24, es ist die Ventilsteuerung

des Daimler-Benz-„300"-PKW-Motors. Die Trennfläche zum Zylinder ist schräg, der Brennraum ragt seitlich über die Zylinderbohrung hinaus, die Ventile sind parallel, jedoch zur Motorlängsachse versetzt. Hierdurch lassen sich trotz guter Kühlung des Zwischensteges sehr große Ventile unterbringen, auch die Einströmverhältnisse sind sehr gut, und der Brennraum hat eine günstige Form. Da die Ein- und Auslaßventile zur Nockenwelle verschieden liegen, sind zweierlei Schwinghebel notwendig; die Mittelpunkte der Schwinghebelballen bewegen sich jeweils angenähert auf einem Strahl durch die Nockenmitte. Die Nockenwelle ist aus Spezialgrauguß, an den Nocken durch Kokillen zum Weißguß erstarrt und daher sehr hart, die Schwinghebel sind aus Stahl, an den Laufflächen im Einsatz gehärtet und hart verchromt (s. a. Abb. 78). Da die bewegten Massen klein und

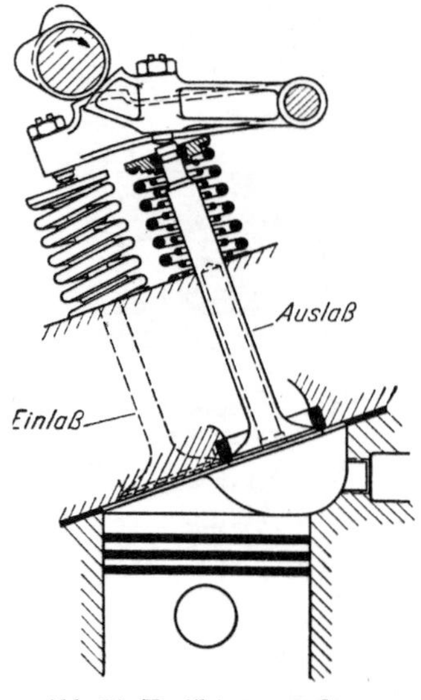

Abb. 24. Ventilsteuerung des
Daimler-Benz-„300"-PKW-Motors

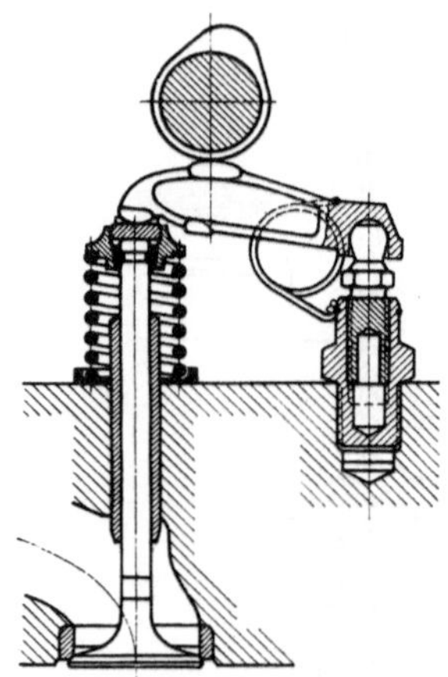

Abb. 25. Weiterentwickelte
Daimler-Benz-Ventilsteuerung

steif sind, können verhältnismäßig hohe Flankenbeschleunigungen zugelassen werden. Der Raum- und Bauaufwand dieser Konstruktion ist gering, und die Herstellungskosten sind vertretbar.

In Weiterentwicklung der Ventilsteuerung der Abb. 24 wurden die Schwinghebel nicht mehr auf einer Achse, sondern auf kugeligen Bolzen gelagert (s. Abb. 25). Damit war es möglich, je nach der Lage des Ventils zur Nockenwelle den Drehpunkt rechts oder links anzuordnen und völlig gleiche Teile für Ein- und Auslaß zu bekommen. Zur Spieleinstellung wird der kugelige Bolzen verstellt, er besitzt zwei zueinander um einen gewissen Betrag versetzte Gewindestücke, so daß er selbsthemmend ist und keine Konterung benötigt. Eine Feder hält den Schwinghebel am Bolzen, am Ventil verhindert ein Druckstück mit hochgezogenen Lappen ein seitliches Abwandern. Die bewegten Massen sind wesentlich kleiner als beim achsengelagerten Schwinghebel, Montage und vor allem Spieleinstellung sind sehr bequem. Diese Ventilsteuerung ist sehr steif, es können daher hohe Beschleunigungen zugelassen werden (s. a. Zahlentafel 4, S. 67).

Eine andere Ausführung mit einer Nockenwelle und Schwinghebeln ist in Abb. 26 dargestellt. Diese Bauweise hatten die Daimler-Benz-Flugmotoren. Mit demselben Nocken wird Ein- und Auslaß gesteuert, die Lage der Schwinghebelrollen zur Nockenwelle ist daher durch den Versetzungswinkel von Einlaß zu Auslaß gegeben. Die Ventilerhebung ist unsymmetrisch, weil die Bewegung der Rollenmitte nicht auf einem Strahl durch die Nockenmitte läuft. Die Abweichung ist nicht allzu groß, weil der Rollendurchmesser klein ist. Die Verwendung eines Nockens für Ein- und Auslaß bedeutet eine Beschränkung im Steuerdiagramm, man ist nicht frei in der Wahl der Steuerzeiten. Jeder Zylinder besitzt 4 Ventile, alle sind hohl und mit Natrium gefüllt (s. a. Abschn. 2.351). Die Kühlung der Einlaßventile ist nicht aus Festigkeitsgründen notwendig, sie dient der Herabsetzung der Temperaturen zur Verminderung der Frischgas-Wärmeaufnahme. In den Leichtmetallzylinderblock sind Ventilsitze unter Schrumpfspannung eingeschraubt, die Auslaßsitze sind etwas eingesenkt, um die schleichende Auslaßöffnung zu vermeiden. Hierdurch wurden die Ventiltemperaturen merklich gesenkt. Der Antrieb der Nockenwellen erfolgte über Kegeltriebe. Nur ein Nocken für Ein- und Auslaß findet sich häufig auch bei Einzylinder-Motorradmotoren; der Nocken

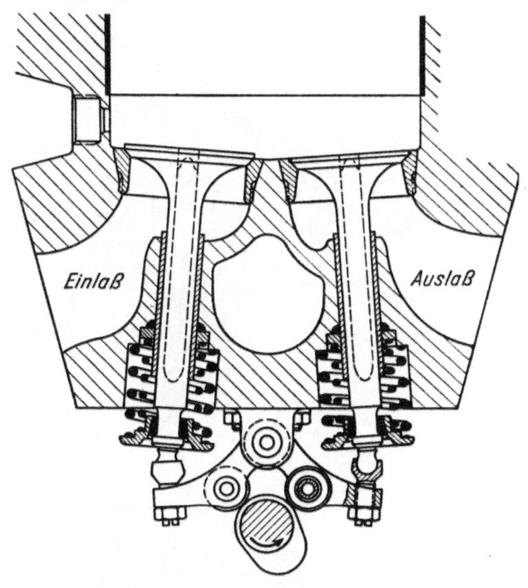

Abb. 26. Ventilsteuerung des Daimler-Benz-„603"-Flugmotors

kann aus einem Stück mit dem Antriebsrad gefertigt werden, die Schwinghebel stehen mit Stoßstangen, die über Kipphebel die Ventile betätigen, in Verbindung. Man nennt diese Motoren gerne „Einnocken-Motoren".

Eine Ausführung mit je einer Nockenwelle für Ein- und Auslaß zeigt Abb. 27, die den Querschnitt des Daimler-Benz-3-Ltr.-12-Zylinder-Rennmotors darstellt. Zwischen Nocken und Ventil befinden sich kurze Schwinghebel, in deren Ballen Widiaplättchen zur Beherrschung der hohen Beanspruchungen eingesetzt waren (in der Abbildung nicht sichtbar). Auf eine Spieleinstellschraube wurde verzichtet, unter ein Käppchen am Ventilende wurde je nach Bedarf ein entsprechend starkes Plättchen gelegt. Bei einem Rennmotor kann eine derartige Ventilspieleinstellung vertreten werden. Jeder Zylinder hat 4 Ventile, die Zylinder sind aus Stahl und mit einem Blechmantel versehen, nur das Nockenwellengehäuse ist aus Leichtmetall. Die bewegten Massen sind bei dieser Konstruktion äußerst gering und sehr steif, die auftretenden Beschleunigungen außerordentlich hoch (s. a. Zahlentafel 4, S. 67). Zum Antrieb der 4 Nockenwellen dienten schmale Stirnräder. Bauaufwand und Herstellungskosten sind beträchtlich, bei einem Rennmotor ist jedoch die Leistungsausbeute allein entscheidend.

Eine Ventilsteuerung mit zueinander geneigten Ventilen, einer Nockenwelle und Kipphebeln besitzt der PKW-Motor von Glas (s. Abb. 28). Die Kipphebel stützen sich auf Kugelbolzen ab, an den Ventilen sind entsprechend ausgesparte Kunststoffröhrchen vorgesehen, die die Kipphebel am Wegwandern hindern. Ein- und Auslaßventile liegen nicht in der gleichen Ebene, einmal wegen des Platzbedarfes der Kipphebel, zum anderen ergibt sich eine günstige tangentiale Strömung im Zylinder, die einen sehr erwünschten Wirbel um die Zylinderachse hervorruft.

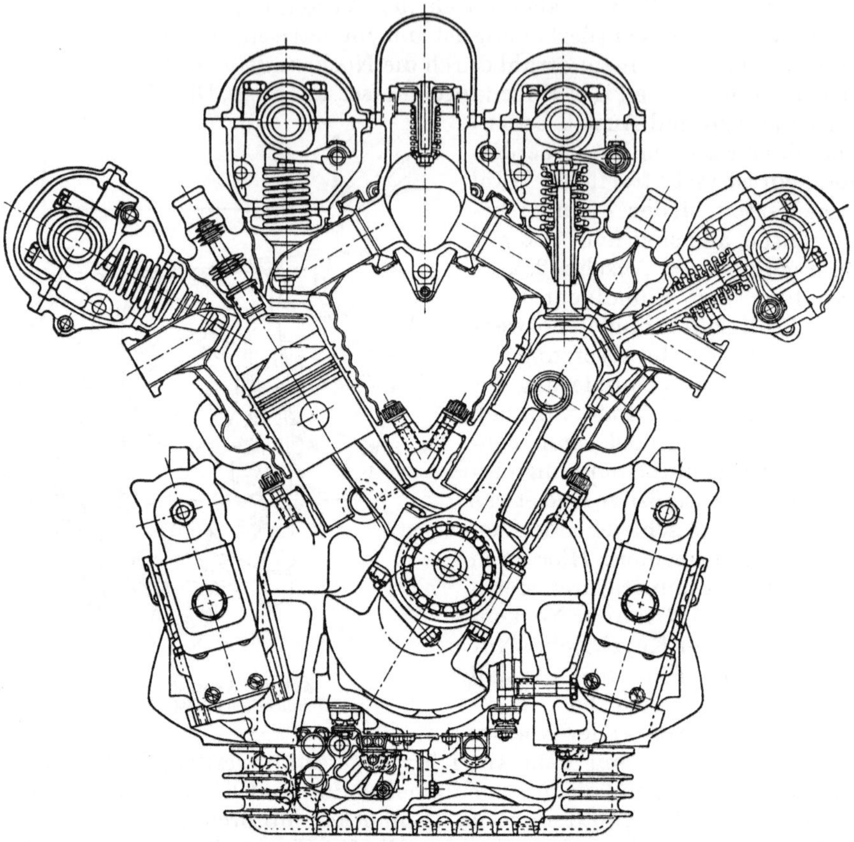

Abb. 27. Daimler-Benz-3-Ltr.-Rennmotor [*36*]

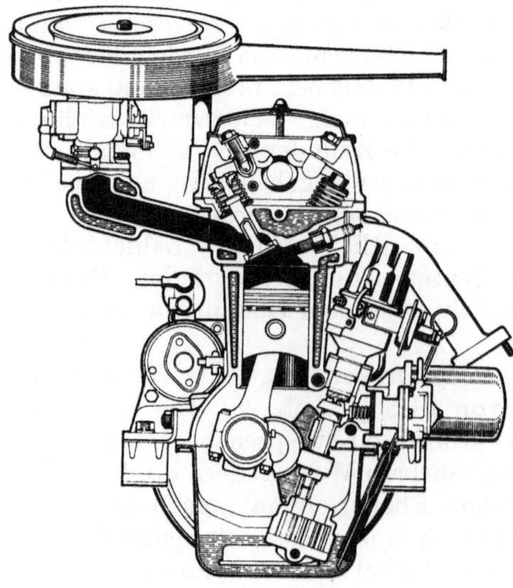

Abb. 28. Glas-PKW-Motor

Zwei Nockenwellen hat der Jaguar-„XK 120“-PKW-Motor (s. Abb. 29). Über kurze Stößel, die im Zylinderkopf geführt sind, wird die Nockenbewegung übertragen. Die Ventilspieleinstellung erfolgt durch ein Plättchen zwischen Stößel und Ventil, jede Korrektur des Spiels erfordert den Ausbau der Nockenwelle. Die bewegten Massen sind etwas größer als beim Schwinghebel, die Steifigkeit dagegen ist sehr hoch. Der Zylinderkopf ist aus Leichtmetall, Ventilsitze sind eingesetzt; der Brennraum hat Kalottenform, die Zündkerzen sind gut zugänglich. In Abb. 88 ist der Nockenwellenantrieb dieses Motors mit 2 Doppelrollenketten dargestellt. Bauaufwand und

Herstellungskosten der Jaguarkonstruktion sind hoch, die erzielte Leistungsausbeute ist erwartungsgemäß gut.

Die größten Steuerquerschnitte, die mit einem Ventil zu erzielen sind, bringt die Zwangssteuerung (s. a. Abschn. 2.313). Abb. 30 zeigt den Daimler-Benz-

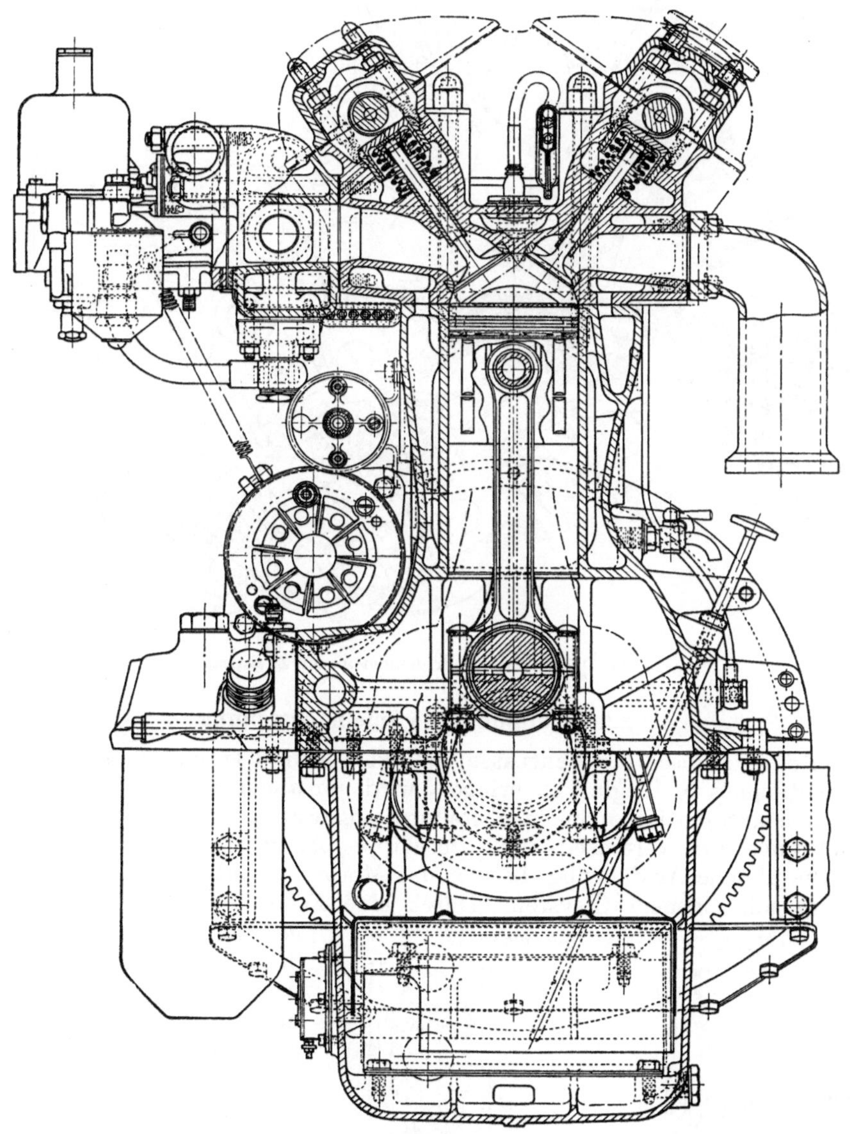

Abb. 29. Jaguar-„XK 120"-PKW-Motor [*38*]

3-Ltr.-Rennmotor, der in den Jahren 1954 und 1955 sehr erfolgreich war. Ventilfedern fehlen völlig, die Rückführung der Ventile erfolgt über Kipphebel und Gegennocken. Der Aufwand ist beträchtlich und daher nur bei höchsten Ansprüchen, wie sie z. B. bei Rennmotoren ohne Rücksicht auf die Kosten gestellt werden, zu vertreten. Zu beachten ist der nur wenig gekrümmte Einlaßkanal, geringste Strömungsverluste sind zu erwarten.

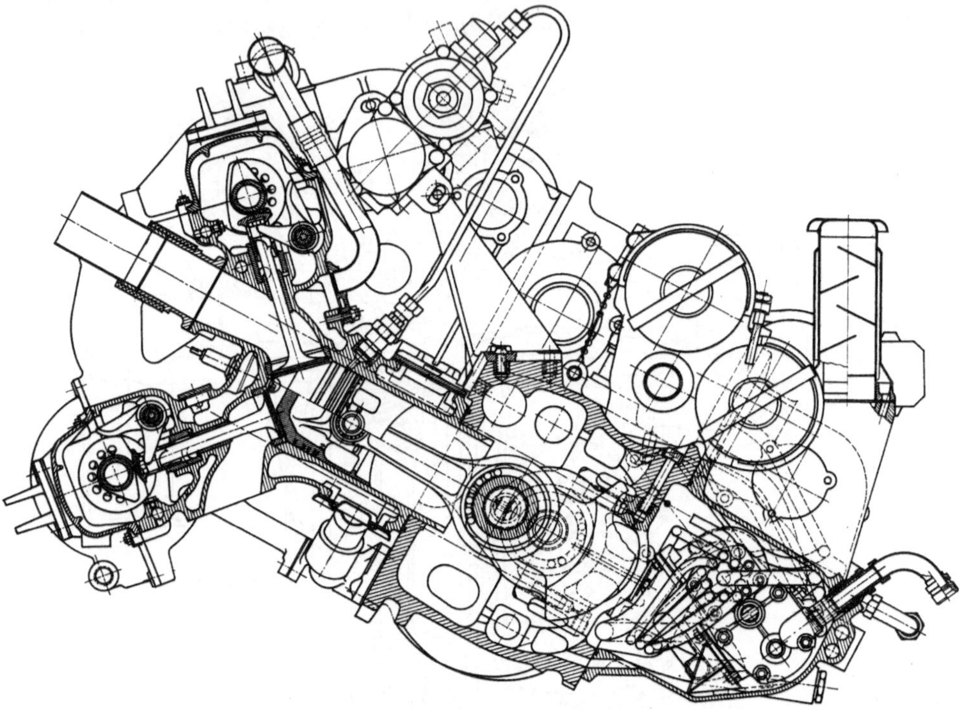

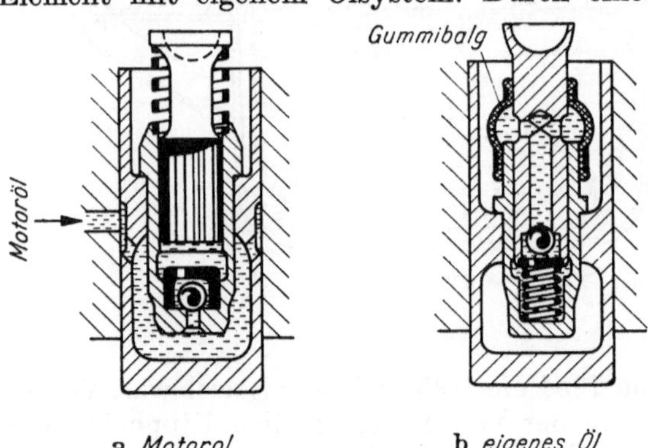

Abb. 30. Daimler-Benz-3-Ltr.-Rennmotor mit Zwangssteuerung

2.26 Automatische Spielnachstellung

Um das Geräusch der Ventilsteuerung zu vermindern und auch die Wartung des Ventilspiels in Wegfall zu bringen, wird vor allem bei Kraftfahrzeugen der USA eine automatische Spielnachstellung angewandt. Meist wird diese in den Stößel eingebaut, vereinzelt auch am Kipphebel untergebracht. Abb. 31 zeigt links die übliche Ausführung, bei der das Motoröl benutzt wird, und rechts ein Element mit eigenem Ölsystem. Durch eine Feder wird ein Kolben herausgedrückt, dabei wird Öl unter den Kolben gesaugt, dessen Austritt bei Belastung des Elements durch eine Kugel oder ein Plättchen verhindert wird.

Die Passung des Kolbens ist äußerst empfindlich, weil bei den hohen auftretenden Drücken keine nennenswerten Leckverluste des Öls auftreten dürfen, andererseits der Kolben jedoch leicht beweglich sein muß. In einem sorgfältigen Auswählsystem werden die Ein-

Abb. 31a u. b. Automatische Spielnachstellung

zelteile zusammengepaart [8]. Dennoch läßt sich nicht vermeiden, daß am Ende der Ventilerhebung ein Ölverlust eingetreten ist. Um diesen kleinzuhalten, dürfen die Beschleunigungskräfte nicht zu hoch werden, d. h. man muß sich mit sanften Ventilerhebungen begnügen. Der daraus folgende Leistungsverlust kann nur bei überbemessenen Motoren, wie sie in USA üblich sind, in Kauf genommen werden.

Die Teile der automatischen Spielnachstellung bedeuten eine Erhöhung der bewegten Massen und größere Elastizität. Bei den sehr engen Passungen stellt jedes Schmutzteilchen im Öl die Funktion der Spielnachstellung in Frage, man strebt daher ein eigenes Ölsystem (s. Abb. 31b) an. Das am Kolben verlorene Öl wird wieder angesaugt, da es durch eine Gummimanschette am Wegfließen verhindert wird. Bei dieser Konstruktion hat man auch den Vorteil, daß ein Spezialöl verwendet werden kann, das den Anforderungen besonders gut entspricht. Das Element hat sich bis heute in der Serie noch nicht eingeführt, offenbar bestehen noch einige Schwierigkeiten.

Wesentlich günstigere Verhältnisse ergeben sich, wenn man die automatische Spieleinstellung in die Schwinghebelabstützung, d. h. am ruhenden Teil (s. Abb. 25), einbaut. Die bewegten Massen werden nicht erhöht, und infolge der Schwinghebelübersetzung treten niedere Kräfte mit längeren Wegen auf, so daß die Anforderungen an die Präzision herabgesetzt werden.

2.3 Berechnung der Steuerelemente

2.31 Nocken

Die Nocken kann man unterscheiden in:

Kreisbogennocken (Nocken mit gewölbter Flanke, Tangentennocken, Nocken mit hohler Flanke) und

Nocken mit kontinuierlicher Änderung der Krümmungsradien.

Von Grenzfällen abgesehen, kann man jede Nockenerhebung mit vernachlässigbarer Abweichung durch jeden der genannten Nocken darstellen, es ändert sich natürlich der Stößelradius [9]. Die in Abb. 32 gezeigten Nocken ergeben praktisch das gleiche Erhebungsdiagramm (s. Abb. 33), auch das Geschwindigkeitsbild hat nur geringe Abweichungen, erst im Beschleunigungsverlauf kennzeichnen sich die Nockenformen deutlich. Die vielfach verbreitete Ansicht, nur mit Tangenten- oder Hohlnocken könnten hohe Beschleunigungen erzielt werden, ist irrig.

Welchem Nocken soll man nun den Vorzug geben? In der Arbeit des Verfassers: „Die Wahl der Nockenform" [9] wurde ausgeführt, daß ein möglichst großer Stößelradius anzustreben ist, weil sich dann niedere Drehmomente der Nockenwelle ergeben; auch werden die Flächenpressungen an der

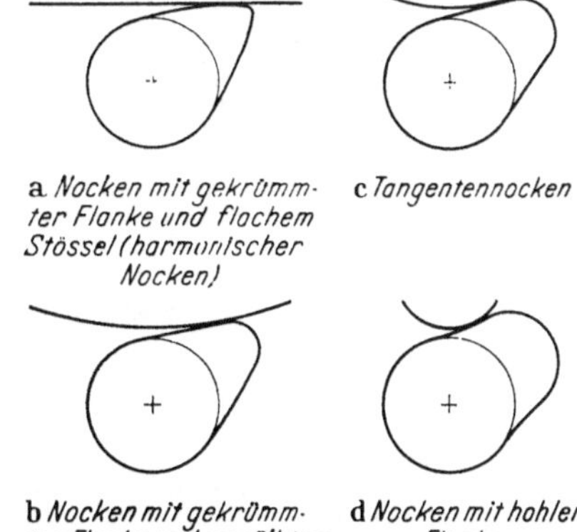

Abb. 32a—d. Nockenform gleicher Erhebung

Berührungsstelle bei großem Stößelradius kleiner. Am besten ist ein ebener Stößel, d. h. $r = \infty$. Aus Fertigungsgründen ist der Hohlnocken und auch der Tangentennocken zu vermeiden, es soll die Flanke immer gewölbt sein; der Krümmungsradius kann sehr groß sein.

Wenn an Stelle eines Stößels ein Schwinghebel oder Kipphebel verwendet wird, dann kann man — ausgenommen den Fall der ebenen Hebelfläche und auch der Zwangssteuerung — mit genügender Genauigkeit mit den Formeln des

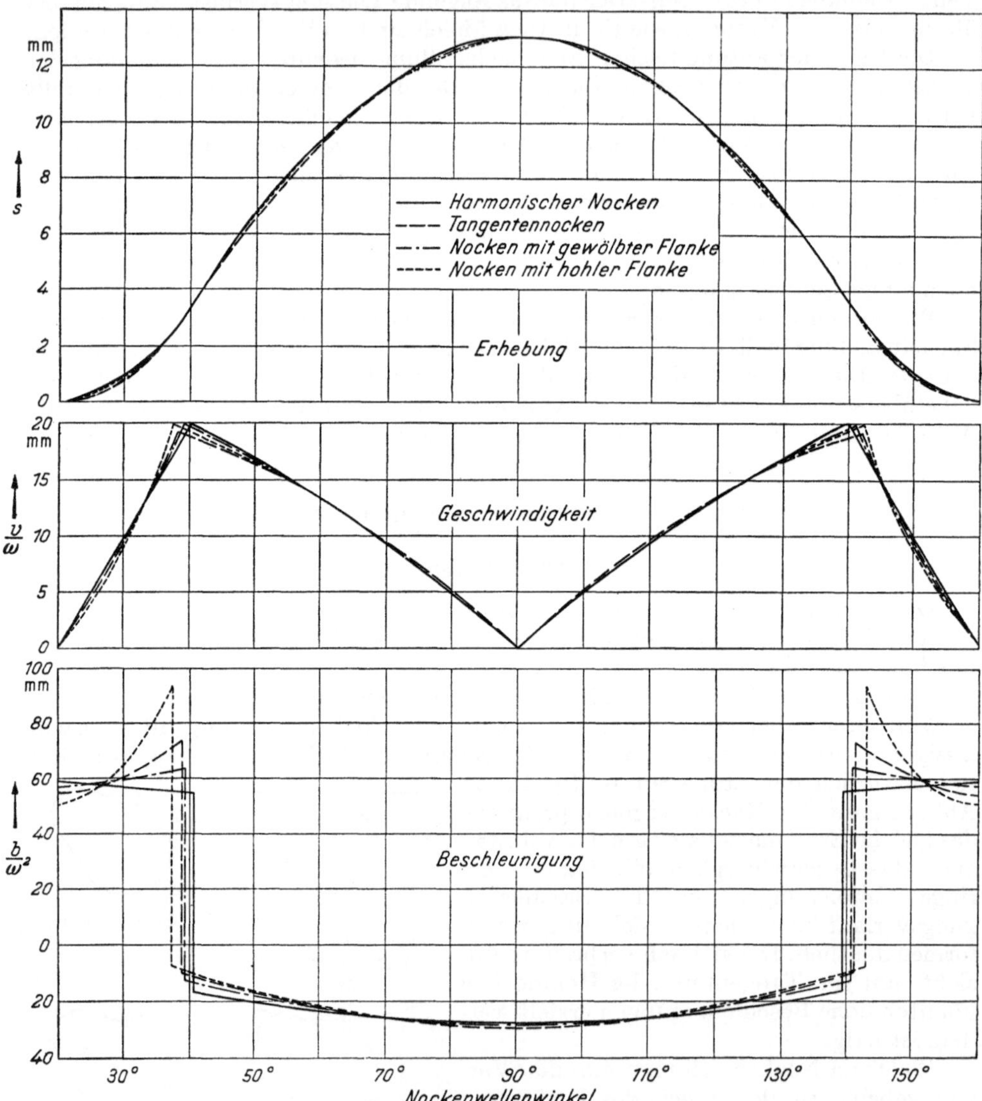

Abb. 33. Erhebung, Geschwindigkeit und Beschleunigung der Nocken nach Abb. 32

gerade geführten Stößels rechnen, die Abweichung des gekrümmten Weges des Ballenmittelpunktes von der Geraden ist vernachlässigbar klein. Ein symmetrisches Erhebungsdiagramm erhält man bei symmetrischen Nocken nur dann, wenn sich der Ballenmittelpunkt auf einem Strahl durch die Nockenmitte bewegt (s. Abb. 34). Ist dies nicht der Fall (s. Abb. 35) — z. B. wird häufig die Bewegung des Ballenberührungspunktes am Nockengrundkreis auf einen Strahl durch die Nockenmitte gelegt — dann entsteht ein unsymmetrisches Diagramm (s. Abb. 36), die Steuerung ist entweder schlecht ausgenützt, die schraffierte Fläche wird verschenkt, oder die Beanspruchungen werden auf der einen Nockenseite nicht ertragen und geben zu Brüchen oder unzulässigem Geräusch Anlaß. Je nach der

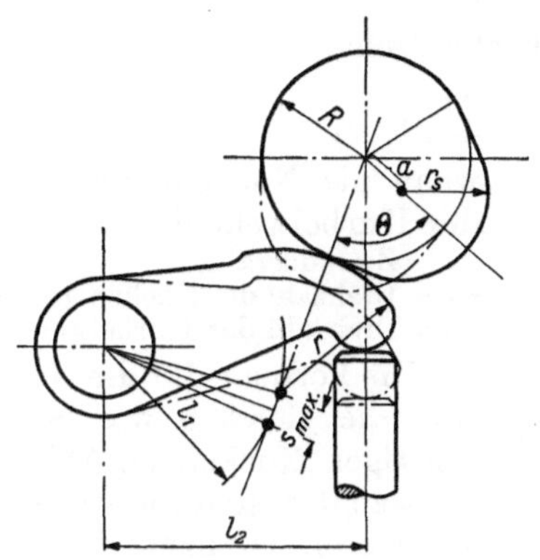

Abb. 34. Nocken mit Schwinghebel, symmetrisches Steuerdiagramm

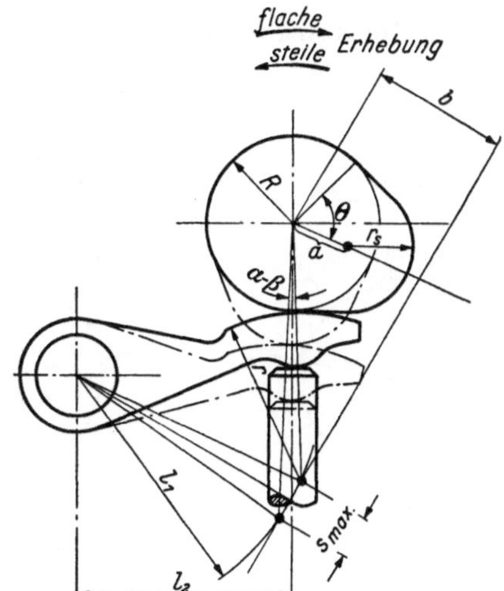

Abb. 35. Nocken mit Schwinghebel, unsymmetrisches Steuerdiagramm

vorliegenden Konstruktion können sich sehr große und keinesfalls tragbare Unterschiede im An- und Ablauf ergeben.

Die Unsymmetrie der Ventilerhebung bei der Ausführung nach Abb. 35 ist dadurch sofort zu erkennen, daß der maximale Hub um den Betrag $(\alpha - \beta)$ (s. a. Abb. 36 und Formeln im Abschn. 2.311) verschoben erreicht wird.

Das Übersetzungsverhältnis vom Nocken zum Ventil ist gegeben durch l_2/l_1; l_1 ist der Abstand des Ballenmittelpunktes von der Drehachse, l_2 derjenige des Ventiles (s. Abb. 34 und 35). Um die Seitenkräfte auf den Ventilschaft möglichst klein zu halten, legt man das Ventilende so, daß bei halbem Hub die Verbindungslinie zum Hebeldrehpunkt zur Ventilachse senkrecht steht. Man bekommt dann ein Abrollen des Angriffspunktes und nur ein geringes Querschieben. Anders verhält es sich, wenn am Hebel eine abgeplattete Kugel vorgesehen ist oder eine Stößelstange mit Kugel und Pfanne Verwendung findet, dann soll der Kugelmittelpunkt möglichst wenig von der Ventil- oder Stangenachse abweichen.

Bei Sternmotoren wird an Stelle der Nockenwelle eine Nockentrommel verwendet, bei der auf einem sehr großen Grundkreis mehrere Nocken unterge-

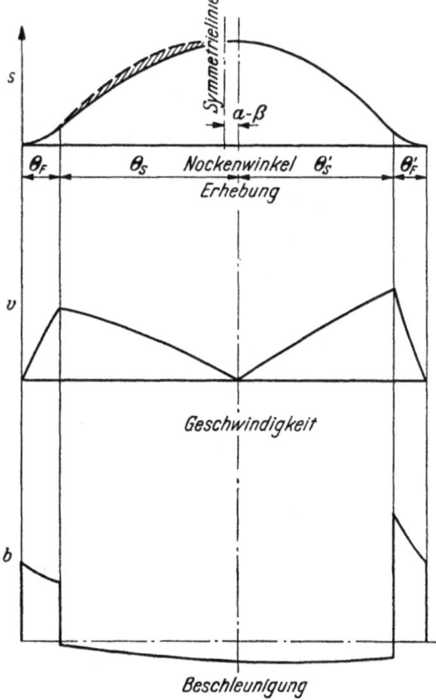

Abb. 36. Erhebung, Geschwindigkeit und Beschleunigung bei Nocken mit Schwinghebel nach Abb. 35

3*

bracht sind. Die Zahl der Nocken auf der Nockentrommel z_N ist abhängig von deren Drehsinn, bei Viertaktmotoren ergibt sich (s. Abb. 37):

$$z_N = \frac{i-1}{2}, \qquad n_N = \frac{n_K}{i-1},$$

wenn die Nockentrommel entgegen der Kurbelwelle dreht;

$$z_N = \frac{i+1}{2}, \qquad n_N = \frac{n_K}{i+1},$$

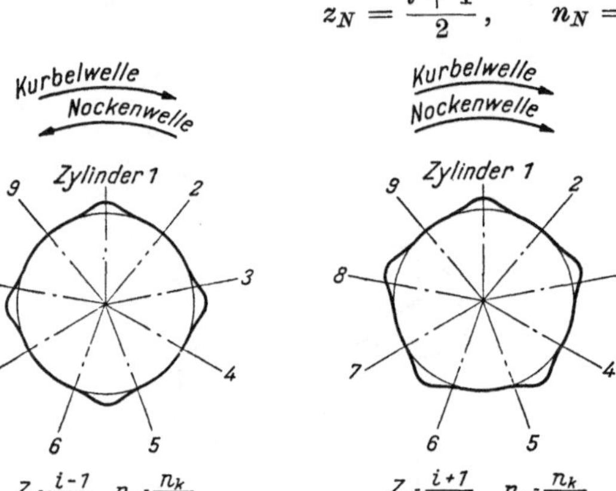

Abb. 37a u. b. Nockenanordnung bei einem 9-Zylinder-Sternmotor

wenn die Nockentrommel mit der Kurbelwelle dreht.

i = Zylinderzahl,
n_N = Drehzahl der Nockentrommel,
n_K = Drehzahl der Kurbelwelle.

Die Formeln für die Nocken sind die gleichen wie bei den sonstigen Nocken (s. Abb. 38), zu beachten sind die wegen der geringeren Drehzahl kleineren Öffnungswinkel; Hohlnocken lassen sich hier nicht vermeiden.

2.311 Kreisbogennocken. Kreisbogennocken werden heute nur noch bei älteren Motorkonstruktionen verwendet. Mit den jetzt üblichen Rechenmaschinen lassen sich auch sehr komplizierte Rechnungen durchführen, so daß der Vorteil der einfachen Berechnung der Kreisbogennocken entfällt. Dennoch wird dieser Nocken im folgenden ausführlich behandelt, vor allem auch, weil man die Zusammenhänge gut erkennen kann. Im Abschn. 2.312 wird dann ein ruckfreier Nocken gezeigt, der sich ebenfalls bequem auch ohne Rechenmaschine berechnen läßt.

Jeder Kreisbogennocken kann aus beliebig vielen Kreisbogenstücken zusammengesetzt werden (s. Abb. 39). Man kann jedes Bogenstück sowohl als Spitze des vorhergehenden Nockenteiles als auch als Flanke eines Nockens mit gedachtem Grundkreis ansehen; zu beachten ist dabei, daß jeweils die Anfangs- und Endwinkel richtig eingesetzt werden, als

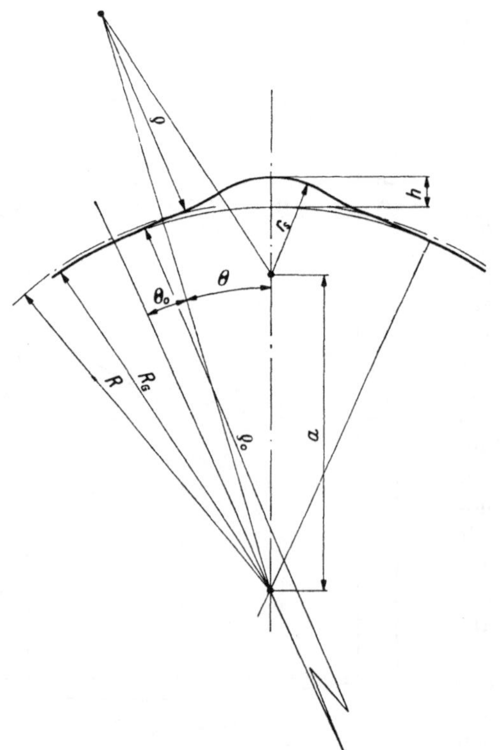

Abb. 38. Nocken eines Sternmotors

Kontrolle dient, daß sich am Ende des einen Bogens und am Anfang des anderen die gleiche Erhebung ergeben muß (s. a. Beispiel 1, S. 36).

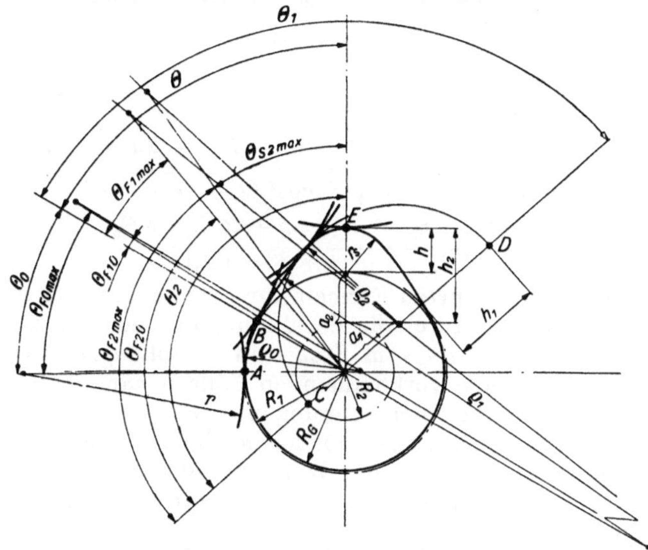

Abb. 39. Zusammengesetzter Kreisbogennocken

Ohne Rücksicht auf den Stößelradius gelten folgende analytisch leicht abzuleitende Beziehungen, die je nach den gegebenen Werten zu verwenden sind:

1. Tangentennocken (s. Abb. 40a).

$$r_S = R - h \frac{\cos \Theta}{1 - \cos \Theta} \tag{3}$$

$$\varrho_0 = \frac{R_G \cos \Theta_0 - R}{\cos \Theta_0 - 1} \tag{4}$$

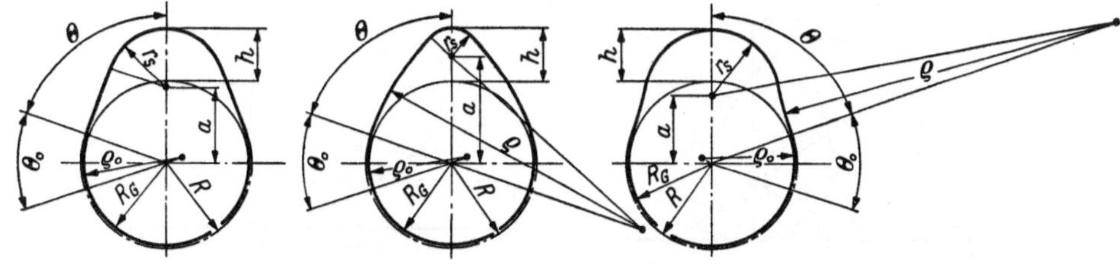

a) Tangentennocken   b) Nocken mit gewölbter Flanke   c) Nocken mit hohler Flanke

Abb. 40 a—c. Tangentennocken, Nocken mit gewölbter und hohler Flanke

2. Nocken mit gewölbter Flanke (s. Abb. 40b).

$$r_S = \frac{R(\varrho - R - h) - \dfrac{h^2}{2} - (\varrho - R)(R + h) \cos \Theta}{\varrho - R - h - (\varrho - R) \cos \Theta} \tag{5}$$

$$\varrho = \frac{a^2 + R^2 - r_S^2 - 2aR \cos \Theta}{2(R - r_S - a \cos \Theta)} \tag{6}$$

$$h = \varrho - R + a \pm \sqrt{a^2 + (\varrho - R)^2 + 2a(\varrho - R) \cos \Theta} \tag{7}$$

$$R = a \cos \Theta + \varrho \pm \sqrt{a^2 \cos^2 \Theta + (\varrho - r_S)^2 - a^2} \tag{8}$$

$$\varrho_0 = \frac{(\varrho - R)^2 + R_G^2 - \varrho^2 + 2(\varrho - R) R_G \cos \Theta_0}{2[R_G - \varrho + (\varrho - R) \cos \Theta_0]} \tag{9}$$

3. Nocken mit hohler Flanke (s. Abb. 40 c).

$$r_S = \frac{R(\varrho + R + h) + \dfrac{h^2}{2} - (\varrho + R)(R + h)\cos\Theta}{\varrho + R + h - (\varrho + R)\cos\Theta} \tag{10}$$

$$\varrho = \frac{a^2 + R^2 - r_s^2 - 2aR\cos\Theta}{2(r_s - R + a\cos\Theta)} \tag{11}$$

$$h = a - \varrho - R \pm \sqrt{a^2 + (\varrho + R)^2 - 2a(\varrho + R)\cos\Theta} \tag{12}$$

$$R = a\cos\Theta - \varrho \pm \sqrt{a^2\cos^2\Theta + (\varrho + r_S)^2 - a^2} \tag{13}$$

$$\varrho_0 = \frac{(\varrho + R)^2 + R_G^2 - \varrho^2 - 2(\varrho + R)R_G\cos\Theta_0}{2[R_G + \varrho - (\varrho + R)\cos\Theta_0]} \tag{14}$$

Die im folgenden aufgeführten Formeln für Erhebung, Geschwindigkeit und Beschleunigung ergeben sich durch die Verbindung des Nockens mit dem Stößel, besonders zu beachten sind die vom Stößelradius abhängigen Winkel für die Wendepunkte. Es werden alle vorkommenden Fälle behandelt, auch diejenigen mit versetztem Stößel, um die Nachrechnung einer Steuerung nach Abb. 35 oder die Berechnung von Sonderfällen zu ermöglichen. Für gewölbte Stößelfläche wird auch bei nicht versetztem Stößel sehr bequem mit den allgemeinen Formeln gearbeitet, es wird $b = 0$ und damit $\alpha = \beta = 0$; für die Wendepunkte gibt es einfachere Formeln (s. a. Beispiel 1, S. 36).

Für die Berechnung der Geschwindigkeiten und Beschleunigungen genügt im allgemeinen Rechenschiebergenauigkeit, nur beim Schwinghebel mit ebener Fläche muß sehr genau gerechnet werden. Für ω ist jeweils die Winkelgeschwindigkeit der Nockenwelle einzusetzen.

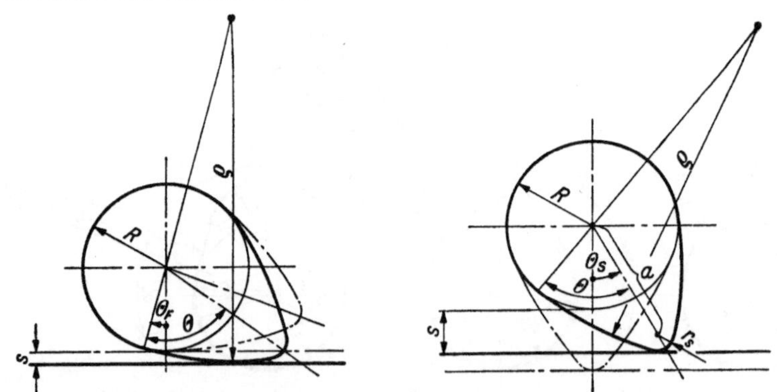

Abb. 41. Harmonischer Nocken

1. *Ebene Gegenfläche.*

a) Gerade geführter Stößel (s. Abb. 41).
Diese Ausführung wird allgemein „harmonischer Nocken" genannt.

$$\sin\Theta_{F\max} = \frac{a\sin\Theta}{\varrho - r_s} \tag{15}$$

$$\Theta_{S\max} = \Theta - \Theta_{F\max}$$

Flanke:

Stößelerhebung: $\qquad s_F = (\varrho - R)(1 - \cos\Theta_F) \tag{16}$

Geschwindigkeit: $\qquad v_F = \omega(\varrho - R)\sin\Theta_F \tag{17}$

Beschleunigung: $\qquad b_F = \omega^2(\varrho - R)\cos\Theta_F \tag{18}$

Spitze:

Stößelerhebung: $\qquad s_S = a \cos \Theta_S + r_S - R = h - a(1 - \cos \Theta_S)$ $\qquad$ (19)

Geschwindigkeit: $\qquad v_S = \omega\, a \sin \Theta_S$ $\qquad$ (20)

Beschleunigung: $\qquad b_S = -\omega^2 a \cos \Theta_S$ $\qquad$ (21)

b) Schwinghebel mit ebener Fläche (s. Abb. 42).

$$\Theta_{F\max} = \delta \pm \varphi_{\max}, \quad \text{Vorzeichen } {}^{\text{oben}}_{\text{unten}} \text{ für } {}^{\text{flache}}_{\text{steile}} \text{ Erhebungsseite}$$

$$\cos \delta = \frac{(\varrho - R)^2 + (\varrho - r_S)^2 - a^2}{2(\varrho - R)(\varrho - r_S)} \tag{22}$$

$$\cos \varphi_{\max} = \frac{(R + c)\,[(\varrho + c) - (\varrho - R)\cos \delta] + l_0 \sqrt{l_0^2 + (R + c)^2 - [(\varrho + c) - (\varrho - R)\cos \delta]^2}}{(R + c)^2 + l_0^2}$$

$$\Theta_{S\max} = \Theta \pm (\varphi_{\max} + \psi_{\max}) - \Theta_{F\max}$$

$$\cos(\varphi_{\max} + \psi_{\max}) = \frac{(a + r_S + c)(R + c) + l_0 \sqrt{l_0^2 + (R + c)^2 - (a + r_S + c)^2}}{(R + c)^2 + l_0^2} \tag{23}$$

Liegt die Schwinghebelfläche unterhalb des Drehpunktes, dann ist c negativ einzusetzen.

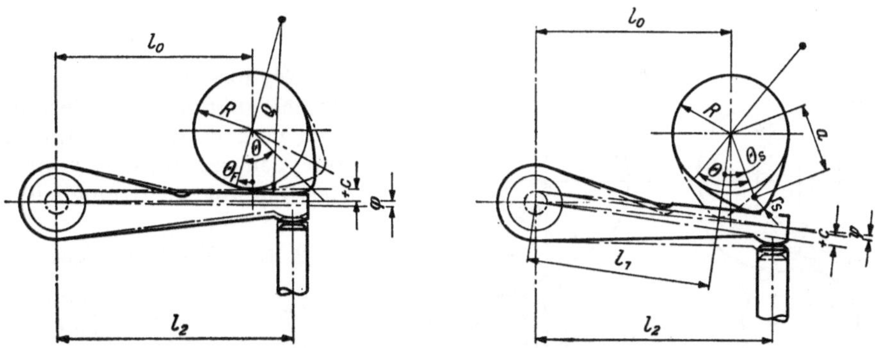

Abb. 42. Nocken mit gewölbter Flanke und gerader Schwinghebelfläche

Flanke:

Ventilerhebung: $\qquad s_F = l_2 \arccos X$ $\qquad$ (24)

Ventilgeschwindigkeit: $\qquad v_F = \omega\, l_2 (\varrho - R)\, Y$ $\qquad$ (25)

Ventilbeschleunigung:

$$b_F = \omega^2 l_2 (\varrho - R)\, \frac{(\varrho - R)\left[2G\left(\dfrac{DG}{2F^3} \pm \dfrac{B}{F} + 2JY\right) - EXY^2\right] + (\varrho + c)B + [(R + c)B \pm l_0 A]H \pm FA}{JE}$$

$$\tag{26}$$

$$A = \sin \Theta_F \qquad\qquad G = (R + c)A \mp l_0 B$$

$$B = \cos \Theta_F \qquad\qquad H = \frac{D}{F} - 2X$$

$$C = (R + c) + (\varrho - R)B$$

$$D = l_0 \pm (\varrho - R)A \qquad\quad J = \sqrt{1 - X^2}$$

$$E = C^2 + D^2 \qquad\qquad X = \frac{(\varrho + c)C + DF}{E}$$

$$F = \sqrt{E - (\varrho + c)^2} \qquad Y = \frac{(\varrho + c)A + GH \mp BF}{JE}$$

Spitze:

Ventilerhebung:
$$s_S = s_{max} - l_2 \, \text{arc cos } X \tag{27}$$

$$s_{max} = l_2 \, \text{arc cos } (\varphi_{max} + \psi_{max})$$

Ventilgeschwindigkeit:
$$v_S = \omega l_2 a \, Y \tag{28}$$

Ventilbeschleunigung:

$$b_S = - \omega^2 l_2 a \, \frac{a \left[2G \left(\frac{DG}{2F^3} \mp \frac{B}{F} + 2JY \right) - EXY^2 \right] - (r_S + c) B - [(a + r_S + c) B \mp l_1 A] H \pm AF}{JE} \tag{29}$$

$$A = \sin \Theta_S \qquad\qquad G = (a + r_S + c) A \pm l_1 B$$

$$B = \cos \Theta_S \qquad\qquad H = \frac{D}{F} - 2X$$

$$C = (a + r_S + c) - aB$$

$$D = l_1 \pm aA \qquad\qquad J = \sqrt{1 - X^2}$$

$$E = C^2 + D^2 \qquad\qquad X = \frac{(r_S + c) C + DF}{E}$$

$$F = \sqrt{E - (r_S + c)^2} \qquad Y = \frac{(r_S + c) A + GH \pm BF}{JE}$$

$$l_1 = l_0 - (a + r_S + c) \tan (\varphi_{max} + \psi_{max}).$$

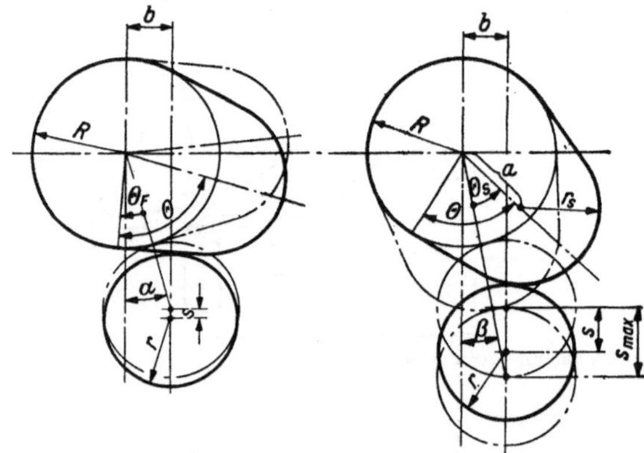
Abb. 43. Tangentennocken

Für Θ_F bzw. $\Theta_S = 0$ ergibt die Beschleunigung den Wert $0/0$, man muß diese Kurvenpunkte extrapolieren, da eine einfache Bestimmung nicht möglich ist.

2. Gewölbte Gegenfläche.

Das Vorzeichen $\genfrac{}{}{0pt}{}{\text{oben}}{\text{unten}}$ gilt für $\genfrac{}{}{0pt}{}{\text{flache}}{\text{steile}}$ Erhebungsseite.

a) **Tangentennocken** (s. Abb. 43).

$$\sin (\Theta_{Fmax} \mp \alpha) = \frac{a \sin \Theta \sqrt{(R + r)^2 + a^2 \sin^2 \Theta - b^2} \mp b(R + r)}{(R + r)^2 + a^2 \sin^2 \Theta} \tag{30}$$

$$\Theta_{Smax} = \Theta \pm (\alpha - \beta) - \Theta_{Fmax}$$

$$\sin \alpha = \frac{b}{R + r}, \qquad \sin \beta = \frac{b}{a + r + r_S}$$

$$\text{für } b = 0: \qquad \tan \Theta_{Fmax} = \frac{a \cdot \sin \Theta}{R + r}$$

$$\Theta_{Smax} = \Theta - \Theta_{Fmax}$$

Flanke:

Stößelerhebung:
$$s_F = (R + r) \frac{B}{C} \tag{31}$$

Geschwindigkeit:
$$v_F = \omega (R + r) \frac{A + BD}{C} \tag{32}$$

Beschleunigung:
$$b_F = \omega^2 (R + r) \frac{1 + 2D(A + BD)}{C} \tag{33}$$

$$A = \sin \Theta_F \qquad C = \cos (\Theta_F \mp \alpha)$$
$$B = 1 - \cos \Theta_F \qquad D = \tan (\Theta_F \mp \alpha)$$

Spitze:

Stößelerhebung:
$$s_S = D + aB - (R + r) \cos \alpha \tag{34}$$

$$s_{max} = (a + r + r_S) \cos \beta - (R + r) \cos \alpha$$

Geschwindigkeit:
$$v_S = \omega a \left(A + \frac{BC}{D} \right) \tag{35}$$

Beschleunigung:
$$b_S = - \omega^2 a \left[B + \frac{a(r + r_s)^2 B^2}{D^3} - \frac{AC}{D} \right] \tag{36}$$

$$A = \sin (\Theta_S \pm \beta) \qquad C = aA \mp b$$
$$B = \cos (\Theta_S \pm \beta) \qquad D = \sqrt{(r + r_S)^2 - C^2}$$

b) Nocken mit gewölbter Flanke (s. Abb. 44).

$$\sin (\Theta - \Theta_{Fmax} \pm \alpha) = \frac{(r + r_s) \sin \delta \sqrt{a^2 + 2a(r + r_s) \cos \delta + (r + r_s)^2 - b^2} \pm b [a + (r + r_s) \cos \delta]}{a^2 + 2a(r + r_s) \cos \delta + (r + r_s)^2} \tag{37}$$

$$\cos \delta = \frac{a^2 + (\varrho - r_s)^2 - (\varrho - R)^2}{2a(\varrho - r_s)}$$

$$\sin \alpha = \frac{b}{R + r}$$

$$\sin \beta = \frac{b}{a + r + r_s}$$

$$\Theta_{Smax} = \Theta \pm (\alpha - \beta) - \Theta_{Fmax}$$

für $b = 0$:

$$\cot \Theta_{Smax} = \frac{\cos \Theta + \dfrac{a(\varrho + r)}{(\varrho - R)(r_s + r)}}{\sin \Theta}$$

$$\Theta_{Fmax} = \Theta - \Theta_{Smax}$$

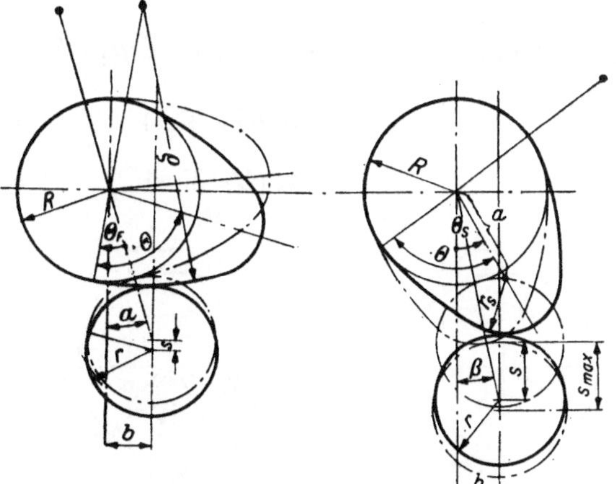

Abb. 44. Nocken mit gewölbter Flanke

Flanke:

Stößelerhebung:
$$s_F = D - (\varrho - R) B - (R + r) \cos \alpha \tag{38}$$

Geschwindigkeit:
$$v_F = \omega (\varrho - R) \left(A - \frac{CB}{D} \right) \tag{39}$$

Beschleunigung:
$$b_F = \omega^2 (\varrho - R) \left[B - \frac{(\varrho - R)(\varrho + r)^2 B^2}{D^3} + \frac{AC}{D} \right] \tag{40}$$

$$A = \sin (\Theta_F \mp \alpha) \qquad C = (\varrho - R) A \mp b$$
$$B = \cos (\Theta_F \mp \alpha) \qquad D = \sqrt{(\varrho + r)^2 - C^2}$$

Spitze:

Hierfür gelten die gleichen Formeln wie beim Tangentennocken.

c) Nocken mit hohler Flanke (s. Abb. 45).

$$\sin(\Theta - \Theta_{F\mathrm{max}} \pm \alpha) = \frac{(r+r_s)\sin\delta\sqrt{a^2-2a(r+r_s)\cos\delta+(r+r_s)^2-b^2}\pm b\,[a-(r+r_s)\cos\delta]}{a^2-2a(r+r_s)\cos\delta+(r+r_s)^2}$$

$$\cos\delta = \frac{a^2+(\varrho+r_s)^2-(\varrho+R)^2}{2a(\varrho+r_s)} \tag{41}$$

$$\sin\alpha = \frac{b}{R+r} \qquad \sin\beta = \frac{b}{a+r+r_s}$$

$$\Theta_{S\mathrm{max}} = \Theta \pm (\alpha-\beta) - \Theta_{F\mathrm{max}}$$

$$\text{für } b=0: \qquad \cot\Theta_{S\mathrm{max}} = \frac{\cos\Theta + \dfrac{a(\varrho-r)}{(\varrho+R)(r_s+r)}}{\sin\Theta}$$

$$\Theta_{F\mathrm{max}} = \Theta - \Theta_{S\mathrm{max}}$$

Flanke:

Stößelerhebung: $\qquad s_F = (\varrho+R)B - D - (R+r)\cos\alpha \tag{42}$

Geschwindigkeit: $\qquad v_F = \omega(\varrho+R)\left(\dfrac{CB}{D}-A\right) \tag{43}$

Beschleunigung: $\qquad b_F = \omega^2(\varrho+R)\left[\dfrac{(\varrho+R)(\varrho-r)^2 B^2}{D^3} - \dfrac{AC}{D} - B\right] \tag{44}$

$$A = \sin(\Theta_F \mp \alpha) \qquad C = (\varrho+R)A \pm b$$

$$B = \cos(\Theta_F \mp \alpha) \qquad D = \sqrt{(\varrho-r)^2 - C^2}$$

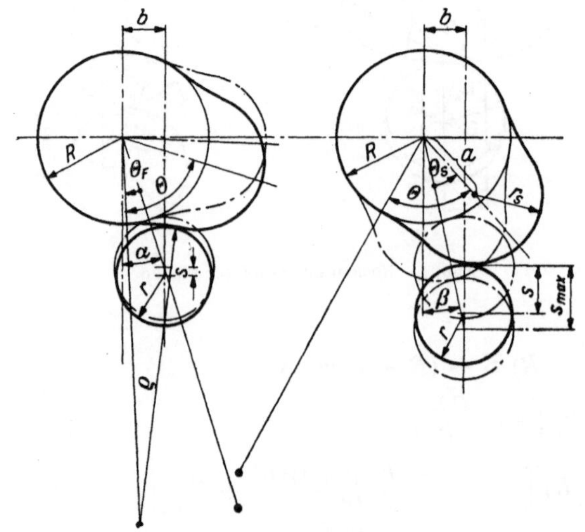

Abb. 45. Nocken mit hohler Flanke

Spitze:

Hierfür gelten die gleichen Formeln wie beim Tangentennocken.

Beispiel 1:

Der Gebrauch der Formeln, insbesondere bei einem zusammengesetzten Nocken, wird am besten an einem Beispiel klar.

Aufgabe:

Symmetrischer Nocken mit Vornocken, Beruhigungsstück zwischen Flanke und Spitze, nicht versetzter Stößel; gegeben (s. Abb. 39):

$$R_G = 16, \qquad R_1 = 16{,}28, \qquad \Theta_0 = 30°, \qquad \Theta = 60{,}5°, \qquad r = 62{,}5;$$

bei einer Nockenwellendrehzahl von $n_N = 2500$ U/min soll $b_{F\mathrm{max}} < 3000$ m/s², $b_{S\mathrm{max}} < 1300$ m/s² sein.

Berechnung:

Für $\Theta_{F1} = 0$ wird nach Formel (40):

$$b_{F10} = \omega^2(\varrho_1 - R_1)\left[1 - \frac{\varrho_1 - R_1}{\varrho_1 + r}\right].$$

Da b_{F1max} etwas größer als b_{F10} zu erwarten ist (s. Abb. 33), aber kleiner als 3000 m/s² sein soll, ergibt sich ϱ_1 etwa zu 95. Der einfachen Rechnung wegen werde $\varrho_1 = 96,28$ gewählt, dann wird $(\varrho_1 - R_1) = 80$, $b_{F10} = 2720$ m/s².

Nach Formel (9) errechnet sich der Vornockenradius ϱ_0 aus:

$$\varrho_0 = \frac{80^2 + 16^2 - 96,28^2 + 2 \cdot 80 \cdot 16 \cos 30°}{2(16 - 96,28 + 80 \cos 30°)} = \underline{18,0403}.$$

Für $\Theta_S = 0$ wird nach Formel (36):

$$b_{S0} = -\omega^2 a_2\left(1 + \frac{a_2}{r + r_S}\right).$$

Durch Aufzeichnen findet man die Bedingung $b_{Smax} = b_{S0} = 1300$ m/s² etwa erfüllt für: $h = 7$, $r_S \approx 7,5$, $a_2 \approx 15,5$.

Zwischen Flanke und Spitze soll laut Aufgabe eine Beruhigungsstrecke sein, für diese muß $b \approx 0$ werden, d. h. der Übergangsradius ist so zu wählen, daß

$$\Theta_{F20} < 90° < \Theta_{F2max}$$

wird.

Durch Aufzeichnen findet man diese Forderung etwa erfüllt für:

$$\Theta_1 = 109°, \quad (R_1 + h_1) = 30,5, \quad h_1 = 14,22.$$

ϱ_2 kann als Spitzenradius des Nockens BD aus Formel (5) berechnet werden:

$$\varrho_2 = \frac{16,28\,(96,28 - 16,28 - 14,22) - \dfrac{14,22^2}{2} - 80 \cdot 30,5 \cos 109°}{96,28 - 16,28 - 14,22 - 80 \cos 109°} = \underline{19,2123,}$$

damit:

$$a_1 = R_1 + h_1 - \varrho_2 = \varrho_2 - R_2 = 30,5 - 19,2123 = \underline{11,2877,}$$

$$R_2 = \varrho_2 - a_1 = \underline{7,9246}.$$

Nun kann r_S im Nocken CE nach Formel (5) errechnet werden.

$$h_2 = 23 - 7,9246 = \underline{15,0754,}$$

$$\Theta_2 = 180° - 109° + 60,5° = \underline{131,5°}.$$

$$r_S = \frac{7,9246\,(19,2123 - 7,9246 - 15,0754) - \dfrac{15,0754^2}{2} - 11,2877 \cdot 23 \cos 131,5°}{19,2123 - 7,9246 - 15,0754 - 11,2877 \cos 131,5°} = \underline{7,6862,}$$

$$a_2 = 23 - 7,6862 = \underline{15,3138}.$$

Nachdem die Nockenform festgelegt ist, sind die Wendepunkte zu berechnen. Nach Formel (37) ist für den Vornocken mit dem Spitzenradius ϱ_1:

$$\cot\Theta_{S0max} = \frac{\cos 210° + \dfrac{80\,(18,0403 + 62,5)}{(18,0403 - 16)\,(96,28 + 62,5)}}{\sin 210°},$$

$$\Theta_{S0max} = 180° - 1° 30' 20'', \quad \Theta_{F0max} = \underline{31° 30' 20''}.$$

Für die Flanke ist mit dem Spitzenradius ϱ_2:

$$\cot \Theta_{S1\max} = \frac{\cos 109^\circ + \dfrac{11{,}2877\,(96{,}28 + 62{,}5)}{80\,(19{,}2123 + 62{,}5)}}{\sin 109^\circ},$$

$$\Theta_{S1\max} = 93^\circ\,6'\,40'', \quad \Theta_{F1\max} = \underline{15^\circ\,53'\,20''}.$$

Für das Übergangsstück ist mit dem Spitzenradius r_S:

$$\Theta_2 = 180^\circ - 109^\circ + 60{,}5^\circ = 131{,}5^\circ,$$

$$\cot \Theta_{S2\max} = \frac{\cos 131{,}5^\circ + \dfrac{15{,}3138\,(19{,}2123 + 62{,}5)}{(19{,}2123 - 7{,}9246)\,(7{,}6862 + 62{,}5)}}{\sin 131{,}5^\circ},$$

$$\Theta_{S2\max} = \underline{39^\circ\,14'\,36''}, \quad \Theta_{F2\max} = \underline{92^\circ\,15'\,24''}.$$

Es arbeitet somit:

der Vornocken	von	$\Theta_{F00} = 0$	bis $\Theta_{F0\max} = 31^\circ\,30'\,20''$,
die Flanke	von	$\Theta_{F10} = 1^\circ\,30'\,20''$	bis $\Theta_{F1\max} = 15^\circ\,53'\,20''$,
die Beruhigungsstrecke	von	$\Theta_{F20} = 86^\circ\,53'\,20''$	bis $\Theta_{F2\max} = 92^\circ\,15'\,24''$,
die Spitze	von $\Theta_{S2\max} = 39^\circ\,14'\,36''$	bis	$\Theta_{S20} = 0$.

Zur Berechnung von s nach den Formeln (38) und (34) legt man zweckmäßigerweise eine Tabelle nach dem Muster der Abb. 46 an; eine beliebige Zeile ist in dieser ausgerechnet, um eine Nachprüfung zu ermöglichen. Für $(R + r)$ wird über den ganzen Nocken $(R_G + r)$ eingesetzt, dann ergibt sich der Hub über dem Grundkreis. Die Winkeleinteilung am Nocken wird so gewählt, daß bei 90° der höchste Hub erreicht ist.

	$\Theta_{F,S}$	$\lg(\varrho - R)B$ $\lg a\,B$	$(\varrho - R)B$ $a\,B$	$\lg C$	$\lg C^2$	C^2	D^2	$\lg D^2$	$\lg D$	D	s
$359^\circ 30'$	0										
$\vdots$	$\vdots$										
$31^\circ 0' 20''$	$\begin{cases}31^\circ 30' 20'' \\ 1^\circ 30' 20''\end{cases}$	$1{,}90294$	$79{,}972$	$0{,}32261$	$0{,}64522$	$4{,}4179$	$25206{,}58$	$4{,}401514$	$2{,}200757$	$158{,}766$	$0{,}294$
$\vdots$	$\vdots$										
$45^\circ 23' 20''$	$\begin{cases}15^\circ 53' 20'' \\ 86^\circ 53' 20''\end{cases}$										
$\vdots$	$\vdots$										
$50^\circ 45' 24''$	$\begin{cases}92^\circ 15' 24'' \\ 39^\circ 14' 36''\end{cases}$										
$\vdots$	$\vdots$										
90°	0°										

Abb. 46. Muster zur Berechnung der Erhebung s (Beispiel 1)

An Stelle von v und b empfiehlt sich die Berechnung von v/ω und b/ω^2, man ist dann von der Drehzahl unabhängig. Da die Anforderungen an die Genauigkeit hier nicht so groß sind, genügt die Tabelle nach dem Muster der Abb. 47, jeweils ein Wert zwischen den jeweiligen Wendepunkten reicht für die Aufzeichnung des Kurvenverlaufs aus.

	$\Theta_{F,S}$	A	B	C	D	v/ω	b/ω^2
$359°30'$	0						
$\vdots$	$\vdots$						
$31°0'20''$	$\begin{cases}31°30'20'' \\ 1°30'20''\end{cases}$	$0{,}0263$	$0{,}9997$	$2{,}102$	$158{,}766$	$1{,}04$	$39{,}7$
$\vdots$	$\vdots$						
$45°23'20''$	$\begin{cases}15°53'20'' \\ 86°53'20''\end{cases}$						
$\vdots$	$\vdots$						
$50°45'24''$	$\begin{cases}92°15'24'' \\ 39°14'36''\end{cases}$						
$\vdots$	$\vdots$						
$90°$	$0°$						

Abb. 47.

Muster zur Berechnung von $\dfrac{v}{\omega}$ und $\dfrac{b}{\omega^2}$ (Beispiel 1)

In Abb. 48 stellen die ausgezogenen Linien den Verlauf von s, v/ω und b/ω^2 des Kreisbogennockens nach Beispiel 1 dar.

2.312 Ruckfreier Nocken. Jeder Sprung in der Beschleunigungskurve bedeutet einen Ruck; hierdurch werden größere elastische Verformungen in der Ventilsteuerung verursacht, als der errechneten Beschleunigungskraft entspricht. Dies wirkt sich nicht nur im Motor, sondern auch beim Schleifen der Nockenwelle aus, da ja auch hier die elastischen Verformungen eine große Rolle spielen; das Fehlerdiagramm zeigt dann Ungleichmäßigkeiten, die ein verzerrtes Erhebungsdiagramm und erhöhte Beschleunigungen zur Folge haben; natürlich wird auch die Schwingungserregung der Ventilsteuerung ungünstig beeinflußt (s. a. Abschn. 2.33)

Ruckfreie Nocken wurden verschiedentlich vorgeschlagen [*12—18*], die Berechnungsverfahren sind jedoch meist sehr kompliziert, oder die Nocken passen sich nicht genügend dem erwünschten Beschleunigungsverlauf an.

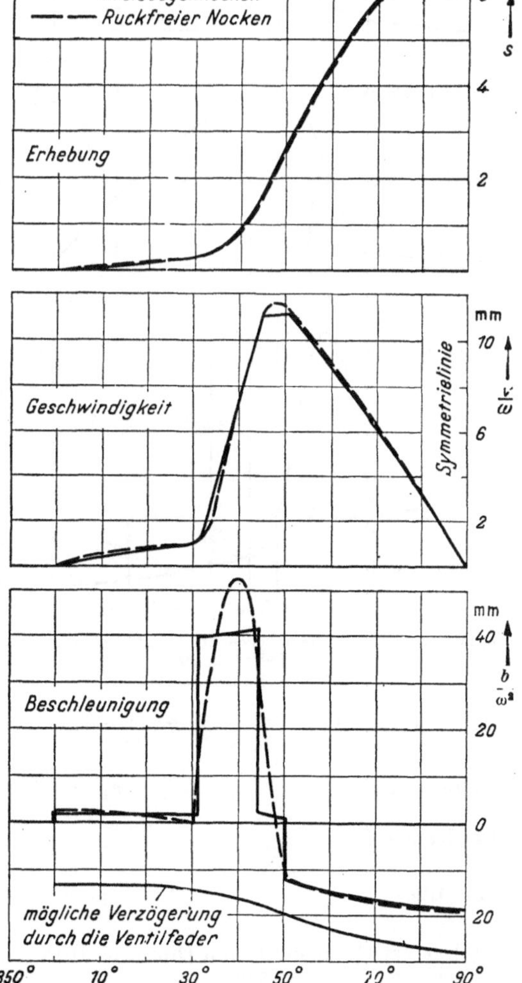

Abb. 48.

s, $\dfrac{v}{\omega}$ und $\dfrac{b}{\omega^2}$ für die Nocken der Beispiele 1 und 2

Bei dem im folgenden behandelten ruckfreien Nocken[1] [*19*] setzt sich die Erhebung aus Sinuskurven und einem Polynom 4. Grades zusammen (s. Abb. 49). Der Nocken ist sehr bequem zu berechnen und anpassungsfähig an alle gestellten Forderungen; in der Praxis hat er sich bereits bewährt, nach einiger Übung beansprucht seine Berechnung weniger Zeit, als Kreisbogennocken — mit Ausnahme der harmonischen Nocken — erfordern.

Wie Abb. 49 zeigt, setzt sich die Erhebung aus folgenden Kurvenstücken zusammen:

Vornocken: Sinuslinie $^1/_4$ Periode.

Hauptnocken: 1. Abschnitt:
Schiefe Sinuslinie $^1/_2$ Periode,
2. Abschnitt:
Schiefe Sinuslinie $^1/_4$ Periode,
3. Abschnitt:
Polynom 4. Grades.

Hierfür gelten folgende Formeln:

Vornocken:

Erhebung:

$$s_0 = H_0 \left(1 - \cos \frac{\pi}{2\Phi_0} \varphi_0\right), \quad (45)$$

Geschwindigkeit:

$$s_0' = \frac{v_0}{\omega} = H_0 \frac{\pi}{2\Phi_0} \sin \frac{\pi}{2\Phi_0} \varphi_0, \quad (46)$$

Beschleunigung:

$$s_0'' = \frac{b_0}{\omega^2} = H_0 \left(\frac{\pi}{2\Phi_0}\right)^2 \cos \frac{\pi}{2\Phi_0} \varphi_0. \quad (47)$$

Hauptnocken:

Abschnitt 1.

Erhebung:

$$s_1 = H_0 + c_{11}\varphi_1 - c_{12} \sin \frac{\pi}{\Phi_1} \varphi_1, \quad (48)$$

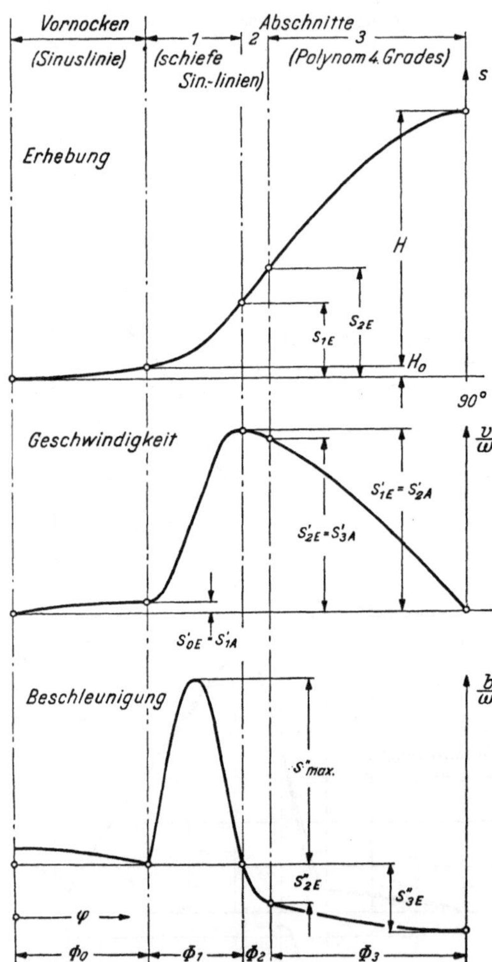

Abb. 49. Erhebung, Geschwindigkeit und Beschleunigung beim ruckfreien Nocken

Geschwindigkeit:

$$s_1' = \frac{v_1}{\omega} = c_{11} - c_{12} \frac{\pi}{\Phi_1} \cos \frac{\pi}{\Phi_1} \varphi_1, \quad (49)$$

Beschleunigung:

$$s_1'' = \frac{b_1}{\omega_2} = c_{12} \left(\frac{\pi}{\Phi_1}\right)^2 \sin \frac{\pi}{\Phi_1} \varphi_1. \quad (50)$$

Abschnitt 2.

Erhebung:

$$s_2 = s_{1E} + c_{21}\varphi_2 + c_{22} \sin \frac{\pi}{2\Phi_2} \varphi_2, \quad (51)$$

---

[1] Das Verfahren wurde von Dipl.-Ing. DIETRICH KURZ, einem Mitarbeiter des Verfassers, vorgeschlagen und ausgearbeitet.

Geschwindigkeit:
$$s_2' = \frac{v_2}{\omega} = c_{21} + c_{22}\,\frac{\pi}{2\Phi_2}\cos\frac{\pi}{2\Phi_2}\,\varphi_2, \tag{52}$$

Beschleunigung:
$$s_2'' = \frac{b_2}{\omega^2} = -c_{22}\left(\frac{\pi}{2\Phi_2}\right)^2\sin\frac{\pi}{2\Phi_2}\,\varphi_2. \tag{53}$$

Abschnitt 3.

Erhebung:
$$s_3 = s_{2E} + c_{31}(\Phi_3 - \varphi_3)^4 - c_{32}(\Phi_3 - \varphi_3)^2 + c_{33}, \tag{54}$$

Geschwindigkeit:
$$s_3' = \frac{v_3}{\omega} = -4c_{31}(\Phi_3 - \varphi_3)^3 + 2c_{32}(\Phi_3 - \varphi_3), \tag{55}$$

Beschleunigung:
$$s_3'' = \frac{b_3}{\omega^2} = 12c_{31}(\Phi_3 - \varphi_3)^2 - 2c_{32}. \tag{56}$$

Die Winkel Φ_{1-3} und φ_{1-3} gehen aus Abb. 49 hervor.

$$H_0 = \text{Vornockenhöhe,}$$
$$s_{1E} = H_0 + c_{11}\Phi_1,$$
$$s_{2E} = s_{1E} + c_{21}\Phi_2 + c_{22},$$
$$H + H_0 = s_{2E} + c_{33}.$$

Bei den Konstanten c bedeutet der erste Index den jeweiligen Abschnitt, der zweite Index die Unterscheidung zu anderen Konstanten im gleichen Abschnitt; A und E sind Anfangs- und Endwerte. Die Konstanten errechnen sich aus den Bedingungen, daß an den Übergangsstellen Hub, Steigung und Krümmung gleich sein müssen. Aus den Formeln (45) bis (56) ergeben sie sich zu:

$$c_{11}\Phi_1 + c_{21}\Phi_2 + c_{22} + c_{33} = H$$
$$c_{31}\Phi_3^4 - c_{32}\Phi_3^2 + c_{33} = 0$$
$$c_{11} - c_{12}\,\frac{\pi}{\Phi_1} = s_{0E}'$$
$$c_{11} + c_{12}\,\frac{\pi}{\Phi_1} - c_{21} - c_{22}\,\frac{\pi}{2\Phi_2} = 0 \tag{57}$$
$$c_{21} + 4\,c_{31}\Phi_3^3 - 2c_{32}\Phi_3 = 0$$
$$c_{22}\left(\frac{\pi}{2\Phi_2}\right)^2 + 12c_{31}\Phi_3^2 - 2c_{32} = 0.$$

Danach lassen sich die einzelnen Konstanten berechnen:

$$c_{11} = \frac{K_1 s_{0E}' + K_2 H}{2K_1 + K_2\Phi_1}.$$

s_{0E}' als maximale Geschwindigkeit am Vornockenende ergibt sich aus den Forderungen an den Vornocken (s. a. Beispiel 2, S. 42).

$$c_{12} = (c_{11} - s_{0E}')\,\frac{\Phi_1}{\pi} \qquad\qquad c_{32} = \frac{2c_{11} - s_{0E}'}{K_2}$$
$$c_{21} = c_{32}k_3 \qquad\qquad\qquad\qquad c_{22} = c_{32}k_1$$
$$c_{31} = c_{32}\,\frac{1-z}{6\Phi_3^2} \qquad\qquad\quad c_{33} = c_{32}k_2\,.$$

Die zur Vereinfachung eingeführten Faktoren K_1, K_2, k_1, k_2, k_3 und z sind:

$$k_1 = 8z \left(\frac{\Phi_2}{\pi}\right)^2, \qquad k_2 = \frac{5+z}{6}\,\Phi_3^2, \qquad k_3 = \frac{4+2z}{3}\,\Phi_3, \qquad K_1 = k_1 + k_2 + k_3 \Phi_2,$$

$$K_2 = k_3 + 4z\,\frac{\Phi_2}{\pi}, \qquad z = \frac{s_{2E}''}{s_{3E}''} < 1 \qquad \text{(s. a. Abb. 49)}.$$

Um einen günstigen Verzögerungsverlauf, d. h. gute Fülligkeit und Anpassung an den Verlauf der Federkraft zu erhalten, empfiehlt es sich, $\Phi_2/\Phi_3 = 0{,}1$ bis $0{,}15$ und $z \approx {}^5\!/_8$ zu wählen.

Da die Flanke des Nockens aus Herstellungsgründen gewölbt sein soll — sowohl Hohlnocken als auch Tangentennocken sind tunlichst zu vermeiden —, muß die Krümmung des ruckfreien Nockens nachgerechnet werden. Die geringste Krümmung befindet sich etwa in der Mitte des Abschnitts 1, ihr Halbmesser errechnet sich für gewölbte Stößel durch:

$$\varrho = \frac{\left[\left(R_G + r + H_0 + c_{11}\dfrac{\Phi_1}{2} - c_{12}\right)^2 + c_{11}^2\right]^{3/2}}{\left(R_G + r + H_0 + c_{11}\dfrac{\Phi_1}{2} - c_{12}\right)^2 + 2c_{11}^2 - \left(R_G + r + H_0 + c_{11}\dfrac{\Phi_1}{2} - c_{12}\right)c_{12}\left(\dfrac{\pi}{\Phi_1}\right)^2} - r, \quad (58)$$

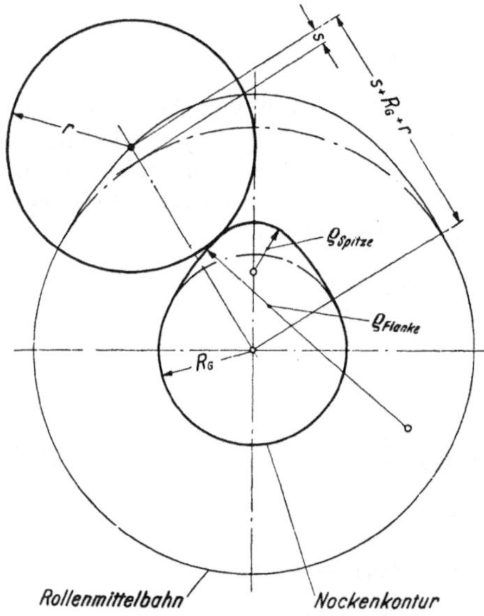

Abb. 50. Nockenkontur des ruckfreien Nockens

für flachen Stößel durch:

$$\varrho = R_G + H_0 + c_{11}\frac{\Phi_1}{2} - c_{12} + c_{12}\left(\frac{\pi}{\Phi_1}\right)^2, \tag{59}$$

$R_G =$ Grundkreis (s. a. Abb. 50),
$r =$ Ballenradius.

Auch der kleinste Krümmungsradius des Nockens, der an der Nockenspitze auftritt und für die Berechnung der maximalen Flächenpressung an der Spitze von Bedeutung ist, sollte errechnet werden. Er ergibt sich für gewölbten Stößel aus:

$$\varrho = \frac{(R_G + r + H_0 + H)^2}{R_G + r + H_0 + H + 2c_{32}} - r, \quad (60)$$

für flachen Stößel aus:

$$\varrho = R_G + H_0 + H - 2c_{32}. \quad (61)$$

Mit den Krümmungsradien in der Mitte der Flanke und an der Spitze kann mit genügender Genauigkeit das Nockenbild, wie es für die Bemessung des Nockenwellenrohlings benötigt wird, dargestellt werden (s. Abb. 50).

Zur Erleichterung der Nockenberechnung sind in der Zahlentafel 1 die Potenzen von φ eingetragen; die Arbeit wird sehr erleichtert, wenn eine Rechenmaschine zur Verfügung steht.

Beispiel 2:

Um den Rechnungsgang beim ruckfreien Nocken leicht verständlich zu machen, möge wieder ein Beispiel durchgerechnet werden:

Zahlentafel 1. *Potenzen von φ zur Berechnung ruckfreier Nocken*

	φ	φ^2	φ^3	φ^4
0° 30′	0,008 727			
1°	0,017 453	0,000 305	0,000 005	0,000 000 093
1° 30′	0,026 180			
2°	0,034 906	0,001 218	0,000 042	0,000 001 5
2° 30′	0,043 633			
3°	0,052 360	0,002 742	0,000 143	0,000 007
3° 30′	0,061 086			
4°	0,069 813	0,004 874	0,000 340	0,000 023
4° 30′	0,078 540			
5°	0,087 266	0,007 615	0,000 664	0,000 058
5° 30′	0,095 993			
6°	0,104 720	0,010 966	0,001 148	0,000 120
6° 30′	0,113 446			
7°	0,122 173	0,014 926	0,001 823	0,000 223
7° 30′	0,130 900			
8°	0,139 626	0,019 495	0,002 722	0,000 380
8° 30′	0,148 353			
9°	0,157 079	0,024 674	0,003 876	0,000 609
9° 30′	0,165 806			
10°	0,174 533	0,030 462	0,005 317	0,000 928
10° 30′	0,183 259			
11°	0,191 986	0,036 859	0,007 076	0,001 358
11° 30′	0,200 713			
12°	0,209 439	0,043 865	0,009 187	0,001 924
12° 30′	0,218 166			
13°	0,226 893	0,051 480	0,011 681	0,002 650
13° 30′	0,235 619			
14°	0,244 346	0,059 705	0,014 589	0,003 565
14° 30′	0,253 073			
15°	0,261 799	0,068 539	0,017 943	0,004 697
15° 30′	0,270 526			
16°	0,279 253	0,077 982	0,021 777	0,006 081
16° 30′	0,287 979			
17°	0,296 706	0,088 034	0,026 120	0,007 750
17° 30′	0,305 433			
18°	0,314 159	0,098 696	0,031 006	0,009 741
18° 30′	0,322 886			
19°	0,331 612	0,109 966	0,036 466	0,012 092
19° 30′	0,340 339			
20°	0,349 066	0,121 847	0,042 533	0,014 847
20° 30′	0,357 792			
21°	0,366 519	0,134 336	0,049 237	0,018 046
21° 30′	0,375 246			
22°	0,383 972	0,147 434	0,056 610	0,021 737
22° 30′	0,392 699			
23°	0,401 426	0,161 143	0,064 687	0,025 967
23° 30′	0,410 152			
24°	0,418 879	0,175 460	0,073 497	0,030 786
24° 30′	0,427 606			
25°	0,436 332	0,190 386	0,083 071	0,036 247
26°	0,453 786	0,205 922	0,093 444	0,042 404
27°	0,471 239	0,222 066	0,104 646	0,049 313
28°	0,488 692	0,238 820	0,116 710	0,057 035
29°	0,506 145	0,256 183	0,129 666	0,065 630
30°	0,523 599	0,274 156	0,143 548	0,075 161
31°	0,541 052	0,292 737	0,158 386	0,085 695
32°	0,558 505	0,311 928	0,174 213	0,097 299
33°	0,575 959	0,331 729	0,191 062	0,110 044
34°	0,593 412	0,352 138	0,208 963	0,124 001

Zahlentafel 1 (Fortsetzung)

φ	φ^2	φ^3	φ^4
35°	0,610 865	0,373 156	0,227 948	0,139 245
36°	0,628 318	0,394 783	0,248 049	0,155 854
37°	0,645 771	0,417 020	0,269 300	0,173 906
38°	0,663 225	0,439 867	0,291 731	0,193 483
39°	0,680 678	0,463 322	0,315 373	0,214 667
40°	0,698 132	0,487 388	0,340 261	0,237 547
41°	0,715 585	0,512 062	0,366 424	0,262 207
42°	0,733 038	0,537 345	0,393 894	0,288 740
43°	0,750 491	0,563 237	0,422 704	0,317 236
44°	0,767 945	0,589 739	0,452 887	0,347 792
45°	0,785 398	0,616 850	0,484 473	0,380 504
46°	0,802 851	0,644 570	0,517 494	0,415 471
47°	0,820 305	0,672 900	0,551 984	0,452 795
48°	0,837 758	0,701 838	0,587 970	0,492 576
49°	0,855 211	0,731 386	0,625 489	0,534 925
50°	0,872 665	0,761 544	0,664 573	0,579 949

$$\pi = 3{,}141\,592\,653, \qquad \frac{\pi}{2} = 1{,}570\,796, \qquad \frac{1}{\pi} = 0{,}318\,30,$$

$$\pi^2 = 9{,}869\,588, \qquad \frac{1}{\pi^2} = 0{,}101\,32, \qquad \frac{180°}{\pi} = 57{,}295\,779\ [\text{Grad}].$$

$$\frac{\pi}{180°} = 0{,}017\,453\,293\ \left[\frac{1}{\text{Grad}}\right].$$

Aufgabe:

Der in Beispiel 1 berechnete Kreisbogennocken soll durch einen ruckfreien Nocken ersetzt werden.

Berechnung:

$$s'_{0E} = 0{,}9 \ (\text{Annahme nach Abb. 7 und 48}), \qquad \Phi_0 = 30°,$$

$$H_0 = s'_{0E}\,\frac{2\Phi_0}{\pi} = 0{,}3, \qquad H = 6{,}7,$$

$$\Phi_1 + \Phi_2 + \Phi_3 = 60° \qquad (\text{mit Rücksicht auf den höheren Vornocken}$$

etwas kürzer als beim Kreisbogennocken),

$$\Phi_1 = 18° = 0{,}314\,159 \ (\text{Annahme nach dem Beschleunigungs-}$$

diagramm des Kreisbogennockens),

$$\Phi_2 = 4° = 0{,}069\,813 \approx 0{,}1\Phi_3,$$

$$\Phi_3 = 38° = 0{,}663\,225,$$

$$\frac{\pi}{2\Phi_0} = 3{,}0, \qquad \frac{\pi}{\Phi_1} = 10, \qquad \frac{\pi}{2\Phi_2} = 22{,}5, \qquad z = \frac{5}{8} \ (\text{bewährte Annahme}),$$

$$k_1 = 8 \cdot \frac{5}{8} \cdot \frac{1}{45^2} = 0{,}002\,469,$$

$$k_2 = \frac{5 + \dfrac{5}{8}}{6} \cdot 0{,}663\,225^2 = 0{,}41\,237,$$

$$k_3 = \frac{4 + 2 \cdot \dfrac{5}{8}}{3} \cdot 0{,}663\,225 = 1{,}1606,$$

$$K_1 = 0,002\,469 + 0,41\,237 + 1,1606 \cdot 0,069\,813 = 0,49\,587,$$

$$K_2 = 1,1606 + 4\,\frac{5}{8 \cdot 45} = 1,2162,$$

$$c_{11} = \frac{0,49\,587 \cdot 0,9 + 1,2162 \cdot 6,7}{2 \cdot 0,49\,587 + 1,2162 \cdot 0,314\,159} = 6,256,$$

$$c_{12} = (6,256 - 0,9) \cdot \frac{1}{10} = 0,5356, \qquad c_{32} = \frac{2 \cdot 6,256 - 0,9}{1,2162} = 9,548,$$

$$c_{21} = 9,548 \cdot 1,1606 = 11,081, \qquad c_{22} = 9,548 \cdot 0,002\,469 = 0,023\,574,$$

$$c_{31} = 9,548\,\frac{1 - 5/8}{6 \cdot 0,663\,225^2} = 1,3566, \qquad c_{33} = 9,548 \cdot 0,41\,237 = 3,9373,$$

$$s_{1E} = 0,3 + 6,256 \cdot 0,314\,159 = 2,2654,$$

$$s_{2E} = 2,2654 + 11,081 \cdot 0,069\,813 + 0,023\,574 = 3,0627,$$

$$H + H_0 = 3,0627 + 3,9373 = 7,0.$$

Zur Kontrolle der Konstanten werden die Randbedingungen nach den Formeln (57) geprüft:

$$1,3566 \cdot 0,663\,225^4 - 9,548 \cdot 0,663\,225^2 + 3,9373 = 0,$$

$$6,256 - 0,5356 \cdot 10 = 0,9,$$

$$6,256 + 0,5356 \cdot 10 - 11,081 - 0,023\,574 \cdot 22,5 = 0,$$

$$11,081 + 4 \cdot 1,3566 \cdot 0,663\,225^3 - 2 \cdot 9,548 \cdot 0,663\,225 = 0,$$

$$0,023\,574 \cdot 22,5^2 + 12 \cdot 1,3566 \cdot 0,663\,225^2 - 2 \cdot 9,548 = 0.$$

Damit ergeben sich die Formeln (45) bis (56) für Erhebung, Geschwindigkeit und Beschleunigung zu:

Vornocken:

Erhebung: $\qquad s_0 = 0,3\,(1 - \cos 3\varphi_0),$

Geschwindigkeit: $\qquad \dfrac{v_0}{\omega} = 0,9 \sin 3\varphi_0,$

Beschleunigung: $\qquad \dfrac{b_0}{\omega^2} = 2,7 \cos 3\varphi_0.$

Hauptnocken:

A b s c h n i t t 1.

Erhebung: $\qquad s_1 = 0,3 + 6,256\varphi_1 - 0,5356 \sin 10\varphi_1,$

Geschwindigkeit: $\qquad \dfrac{v_1}{\omega} = 6,256 - 5,356 \cos 10\varphi_1,$

Beschleunigung: $\qquad \dfrac{b_1}{\omega^2} = 53,56 \sin 10\varphi_1.$

A b s c h n i t t 2.

Erhebung: $\qquad s_2 = 2,2654 + 11,081\varphi_2 + 0,023\,574 \sin 22,5\varphi_2,$

Geschwindigkeit: $\qquad \dfrac{v_2}{\omega} = 11,081 + 0,5304 \cos 22,5\varphi_2,$

Beschleunigung: $\qquad \dfrac{b_2}{\omega^2} = -11,934 \sin 22,5\varphi_2.$

Abschnitt 3.

Erhebung: $s_3 = 7{,}0 + 1{,}3566\,\overparen{(38° - \varphi_3)}^4 - 9{,}548\,\overparen{(38° - \varphi_3)}^2,$

Geschwindigkeit: $\dfrac{v_3}{\omega} = -5{,}4264\,\overparen{(38° - \varphi_3)}^3 + 19{,}096\,\overparen{(38° - \varphi_3)},$

Beschleunigung: $\dfrac{b_3}{\omega^2} = 16{,}2792\,\overparen{(38° - \varphi_3)}^2 - 19{,}096.$

Der größte Krümmungsradius an der Nockenflanke errechnet sich aus Formel
(58) (Rechenschiebergenauigkeit genügt):

$$\varrho_{R\max} = \frac{\left[\left(16 + 62{,}5 + 0{,}3 + 6{,}256\,\dfrac{0{,}314159}{2} - 0{,}5356\right)^2 + 6{,}256^2\right]^{3/2}}{\left(78{,}8 + 6{,}256\,\dfrac{0{,}314159}{2} - 0{,}5356\right)^2 + 2\cdot 6{,}256^2 - \left(78{,}8 + 6{,}256\,\dfrac{0{,}314159}{2} - 0{,}5356\right)0{,}5356\cdot 10^2} - 62{,}5 = \underline{175{,}7}.$$

Die kleinste Krümmung ist nach Formel (60) an der Spitze:

$$\varrho_{R\min} = \frac{(16 + 62{,}5 + 0{,}3 + 6{,}7)^2}{16 + 62{,}5 + 0{,}3 + 6{,}7 + 2\cdot 9{,}548} - 62{,}5 = \underline{7{,}3}.$$

In Abb. 48 sind gestrichelt s, v/ω und b/ω^2 des ruckfreien Nockens eingezeichnet.
Man sieht, daß die Nockenerhebung fast die gleiche ist; die Geschwindigkeitskurve
weicht wenig ab, sie zeigt vor allem keine Ecken mehr, das Beschleunigungsbild
dagegen hat einen anderen Charakter erhalten, alle Sprünge sind verschwunden.

Sofern ein neuer Nocken, für den es keinen vergleichbaren Kreisbogennocken
gibt, entworfen werden soll, dann sind zunächst die Winkel Φ_1 und $(\Phi_2 + \Phi_3)$ etwa
im umgekehrten Verhältnis wie maximale Beschleunigung zu maximaler Ver-
zögerung zu wählen; zu beachten ist, daß die maximale Beschleunigung beim
ruckfreien Nocken des fehlenden Rucks wegen etwas höher als beim Kreisbogennocken sein darf.

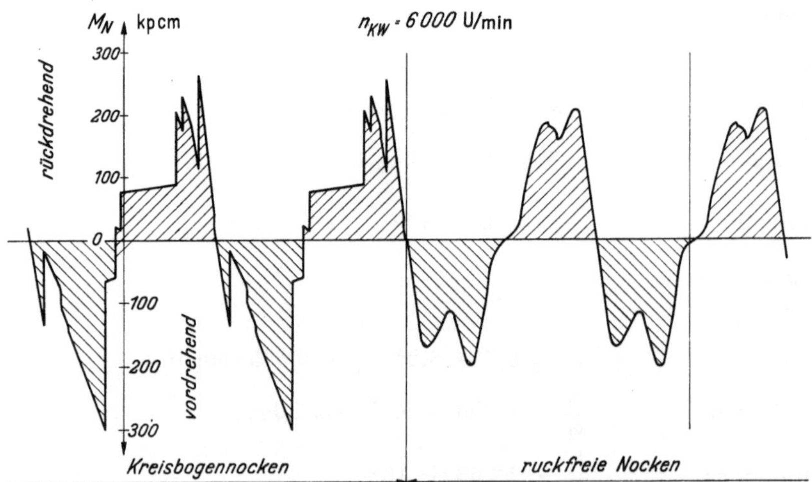

Abb. 51. Theoretischer Drehmomentverlauf an einer Nockenwelle mit Kreisbogen- und ruckfreien Nocken

Für angenommene Werte von H berechnet man die Konstanten c_{11}, c_{12} und
c_{32}, mit denen man für $\varphi_1 = \dfrac{\Phi_1}{2}$ und $\varphi_3 = \Phi_3$ nach Formel (50) bzw. (56)

$$b_{1\max} = \omega^2 c_{12}\left(\frac{\pi}{\Phi_1}\right)^2 \quad \text{und} \quad b_{3\max} = -2\,\omega^2 c_{32}$$

erhält. Nachdem H festliegt, ist der Rechnungsgang wieder wie oben.

Aus den Kräften am Nocken und den zugehörigen Hebelarmen läßt sich das theoretische Drehmoment an der Nockenwelle bestimmen; hierbei wird vorausgesetzt, daß die Steuerungsteile keinerlei Nachgiebigkeit besitzen. Abb. 51 zeigt den Drehmomentverlauf einer 6-Zylinder-Nockenwelle ohne Berücksichtigung der Gaskräfte bei einer Kurbelwellendrehzahl von 6000 U/min. Deutlich ist zu erkennen, daß der Kreisbogennocken einen unruhigeren Verlauf und größere Maximalwerte bringt als der ruckfreie Nocken, bei dem auch die Spitzen fehlen.

2.313 Nocken für Zwangssteuerung. Wenn man das Ventil nicht durch eine Feder, sondern durch einen Gegennocken am Nocken hält, kann man den Abschnitt Θ_S bzw. $(\Phi_2 + \Phi_3)$ wesentlich kürzer und damit den Abschnitt Θ_F bzw. Φ_1 entsprechend länger machen, als dies mit Ventilfedern möglich ist; die Unterbringung der Ventilfeder und die Flächenpressung an der Nockenspitze setzen vorzeitig Grenzen. Das bedeutet, daß man mit Zwangssteuerung — im englischen Sprachgebiet „desmodromic valve gear" genannt — länger beschleunigen kann und somit ein fülligeres Steuerdiagramm erhält.

Die Berechnung der beiden Nocken muß nun nach den Formeln der Abschn. 2.311 bzw. 2.312 so erfolgen, daß für die Flanke der übliche Nocken, für die Spitze der Gegennocken gerechnet wird, der nicht wirksame Nocken hat dann jeweils etwas Spiel, am Übergang besteht zu beiden Nocken Spiel. Abb. 52 läßt dies in übertriebenem Maßstab erkennen; die Spiele betragen hier 0,1 mm, im Übergang sind es 0,03 mm. Die Kinematik der Zwangssteuerung kann

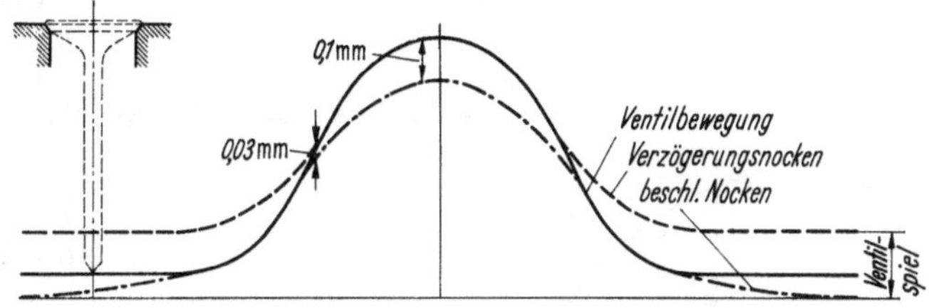

Abb. 52. Spielverlauf an den beiden Nocken der Zwangssteuerung

den Abb. 30 und 55 entnommen werden, man erkennt, daß der Gegennocken einen sehr großen Grundkreis hat, von dem der Ventilhub abgezogen wird. Die Flächenpressung ist infolge der großen Radien niedrig, d. h. man kann hohe Verzögerungswerte zulassen. Eine Feder zum völligen Schließen des Ventils hat sich als nicht notwendig erwiesen, der Gasdruck drückt das Ventil auf seinen Sitz.

Während man bei Ventilsteuerungen mit Federn bei Verwendung von Zwischenhebeln die Abweichung des Ballenmittelpunktes von der Geraden vernachlässigen kann, ist dies bei der Zwangssteuerung nicht mehr statthaft, es kann Klemmen oder zuviel Spiel eintreten. Infolge der Abwanderung des Ballenmittelpunktes um den Winkel $\varkappa$ (s. Abb. 53 und 54) ist der tatsächliche Nockenhub s_k größer oder kleiner als der berechnete Hub s.

Für die Nockenflanke ist (s. Abb. 53):

$$\tan \varkappa_F = \frac{l_1 - \sqrt{l_1^2 - (a_1 - s)^2}}{R_F + r_F + s},$$

$$\tan \varkappa_0 = \frac{l_1 - \sqrt{l_1^2 - a_1^2}}{R_F + r_F}.$$

Für die Nockenspitze (Gegennocken) ist (s. Abb. 54):

$$\tan \varkappa_{sp} = \frac{l_1 - \sqrt{l_1^2 - (a_2 - h_{N\max} + s)^2}}{R_{sp} + r_{sp} - s},$$

$$\tan \varkappa_{sp\max} = \frac{l_1 - \sqrt{l_1^2 - a_2^2}}{R_{sp} + r_{sp}},$$

meist ist $a_1 = a_2 = \dfrac{h_{N\max}}{2}$.

Man kann die Wurzeln als Reihen anschreiben, die ersten beiden Glieder
genügen; es wird damit:

$$\tan \varkappa_F = \frac{(a_1 - s)^2}{2 l_1 (R_F + r_F + s)},$$

$$\tan \varkappa_{sp} = \frac{(a_2 - h_{N\max} + s)^2}{2 l_1 (R_{sp} + r_{sp} - s)}.$$

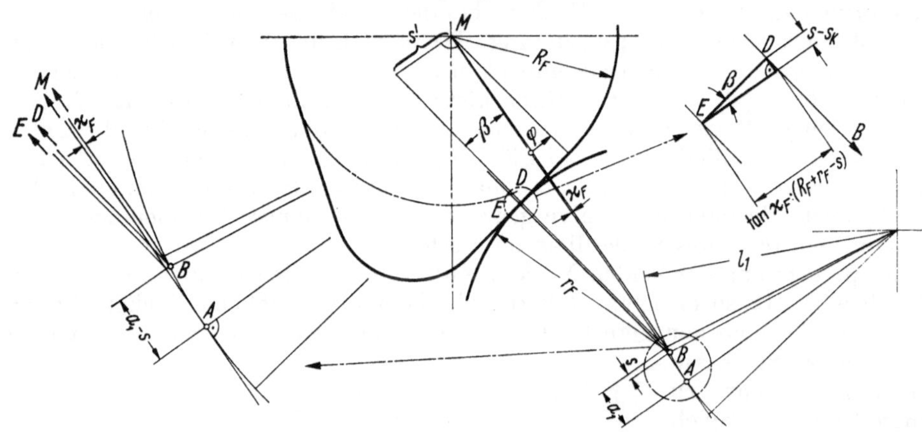

Abb. 53. Zur Berechnung des Korrekturwinkels $\varkappa_F$

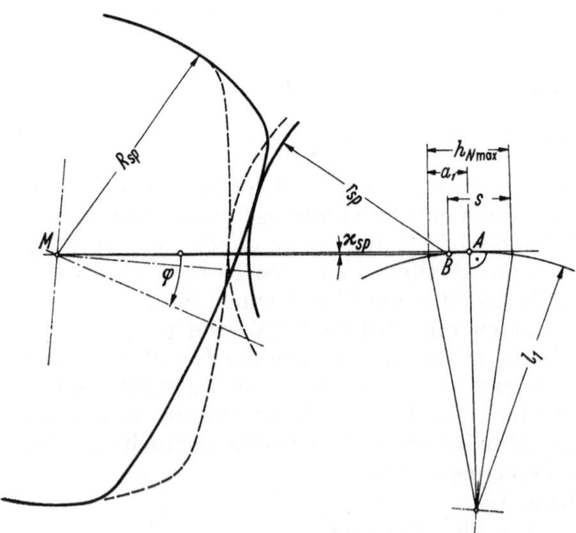

Abb. 54. Zur Bestimmung des Korrekturwinkels $\varkappa_{sp}$

Da $\varkappa$ in der Nähe des Wendepunktes nur sehr klein ist,
bei den Größtwerten von $\varkappa$
jedoch s bzw. $(h_{N\max} - s)$ null
wird, kann näherungsweise
gesetzt werden (s. Abb. 53):

$$\tan \beta = \frac{s'}{R_F + r_F + s}$$

$$= \frac{s - s_k}{\tan \varkappa_F (R_F + r_F + s)},$$

$s' =$ Ableitung der Hubfunk-
tion; daß die seitliche Auslen-
kung $= s'$ ist, läßt sich leicht
nachweisen (s. a. [13]),

somit

$$s - s_k = \tan \varkappa_F \cdot s',$$

d. h.

$$s_k = s \pm \frac{(a_1 - s)^2 \cdot s'}{2 l_1 (R_F + r_F + s)} \tag{62}$$

bzw.

$$s_k = s \pm \frac{(a_2 - h_{N\max} + s)^2 \cdot s'}{2 l_1 (R_{sp} + r_{sp} - s)}. \tag{63}$$

Damit kann die Nockentabelle aufgestellt werden.

Beim Daimler-Benz-3-Ltr.-Rennmotor (s. Abb. 30) arbeitet nur der Gegennocken über einen Schwinghebel, der übliche Nocken betätigt über einen Stößel

das Ventil; dieses ist mit seitlichen Abflachungen versehen, in die der gegabelte Rückholhebel eingreift (s. a. [28]). Das Spiel zum Ventil wird durch Beilageplättchen unter dem Stößel, das Spiel des Schwinghebels durch Doppel-Exzenterbuchsen an der Schwinghebelachse eingestellt. Ein Drehen des Ventils, das erwünscht wäre, ist bei dieser Lösung nicht möglich. Die Abb. 55 zeigt eine Konstruktion, bei der beide Nocken über Schwinghebel arbeiten, das Ventilspiel wird durch Gewinde am Ende des Ventilschaftes eingestellt, exzentrische Buchsen am Drehpunkt gestatten eine gewisse Bewegung des Schwinghebels; das Ventil kann sich nun frei drehen. Die Vorteile der Zwangssteuerung dürften den konstruktiven Aufwand nur bei einem Höchstleistungsmotor rechtfertigen.

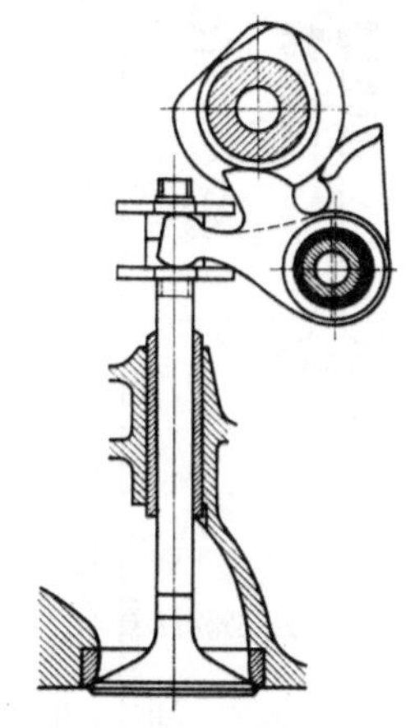

Abb. 55. Zwangssteuerung mit 2 Schwinghebeln

2.32 Ventilfeder

Die Ventilfeder hat die Aufgabe, das Ventil während seiner Ruheperiode auf dem Sitz zu halten, dann das von der Nockenflanke in Bewegung gebrachte Ventil wieder zu verzögern, so daß es bei maximalem Nockenhub die Geschwindigkeit null hat; danach muß sie das Ventil in Richtung auf seinen Sitz beschleunigen, bis es von der Nockenflanke abgefangen und verzögert wird (s. a. Abschn. 2.111). Die von der Ventilfeder aufzubringende Kraft P_F muß größer sein als die Verzögerungskraft $P_b = m_V b_{SV}$, worin m_V die auf das Ventil bezogene Masse und b_{SV} die Ventilbeschleunigung über den Bereich der Nockenspitze bedeuten. Man kann P_b aus dem Beschleunigungsbild errechnen und über dem Ventilhub auftragen (s. Abb. 56) und in dieses Diagramm die Federcharakteristik als gerade Linie eintragen. Bei gegebener Feder kann man deren Diagramm auch in das Beschleunigungsbild einzeichnen, indem man die Federkraft durch die Ventilmasse dividiert und auf den Kurbelwinkel bezieht (s. Abb. 48).

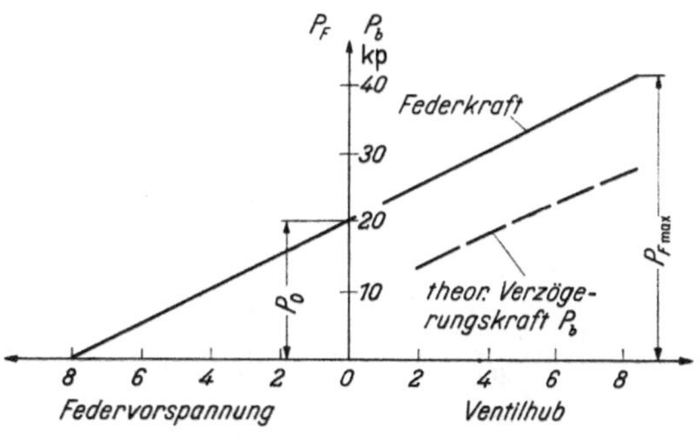

Abb. 56. Federdiagramm

Wie in Abschn. 2.112 ausgeführt wurde, weicht die tatsächliche Ventilerhebung von der errechneten ab, die Ventilfeder muß daher mit genügender Reserve ausgelegt werden. Wie hoch diese Reserve zu wählen ist, hängt von den auftretenden Beschleunigungen, den gegebenen Elastizitäten und den möglichen Überdrehzahlen ab, je nach den vorliegenden Verhältnissen werden meist 30 bis 50% gewählt, sofern man auf eine genaue Nachrechnung des Schwingungsverhaltens gemäß Abschn. 2.33 verzichtet. Wenn die Nockenbewegung mit Übersetzung zum Ventil übertragen wird, dann gilt für den Bezug der Massen auf das Ventil m_V bzw. den Nocken m_N (s. Abb. 57):

$$m_V = m_3 + \left(\frac{l_1}{l_2}\right)^2 (m_2 + m_1) + \frac{J_a}{l_2^2}, \tag{64}$$

$$m_N = m_1 + m_2 + \left(\frac{l_2}{l_1}\right)^2 m_3 + \frac{J_a}{l_1^2}. \tag{65}$$

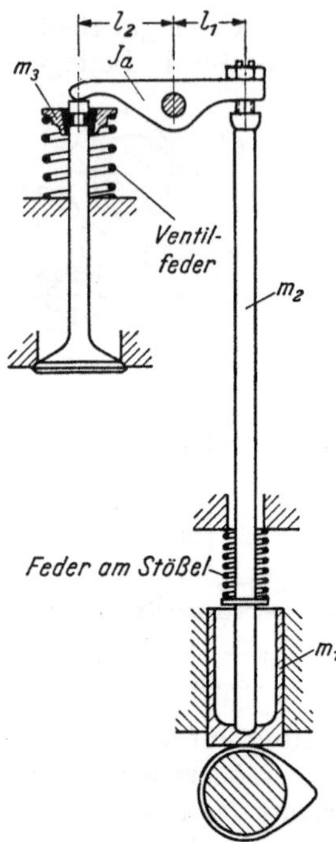

Abb. 57. Zur Berechnung der bewegten Massen

J_a ist das axiale Trägheitsmoment des Kipphebels; meist kann auf die zeitraubende Trägheitsmomentbestimmung verzichtet werden und das an den Hebelenden bewegte Gewicht geschätzt werden.

Da die Unterbringung der ganzen Federkraft am Ventil oft nicht möglich oder unbequem ist, können auch Federn an einzelnen Übertragungsteilen, z. B. am Stößel oder am Kipphebel angebracht werden. Ihre Federkraft ist nach den Massen zu bestimmen, die von dieser Feder verzögert bzw. beschleunigt werden.

Die weitaus am meisten verwendeten Ventilfedern sind zylindrische Schraubenfedern mit rundem Drahtquerschnitt (s. Abb. 60), weil diese wenig Raum beanspruchen und billig in der Herstellung sind. Bei Motorradmotoren, vor allem Rennmotoren, werden gerne auch sogenannte Haarnadelfedern (s. Abb. 62) gebraucht, die sehr geringe bewegte Massen und kurze Ventile ergeben, jedoch räumlich nicht so leicht wie Schraubenfedern unterzubringen sind. Vereinzelt wird die Federkraft auch durch einen Torsionsstab aufgebracht (s. Abb. 63), eine Lösung, die teuer in der Herstellung ist, jedoch Vorteile hinsichtlich Einbau, Kühlung u. a. haben kann.

Bei der Auslegung der Ventilfeder ist darauf zu achten, daß die Wechselbeanspruchung nicht zu hoch

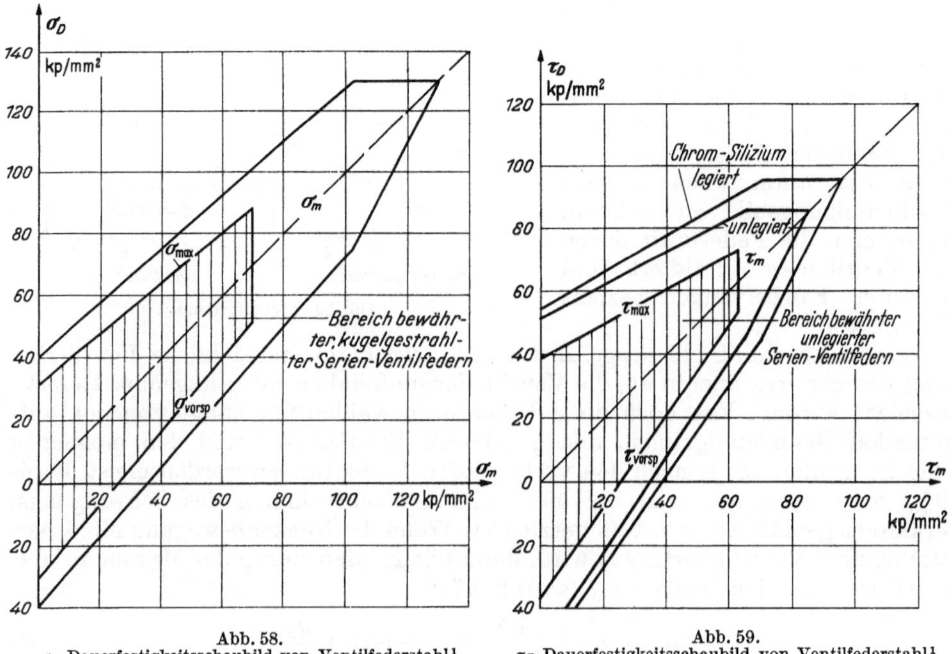

Abb. 58.
σ_D-Dauerfestigkeitsschaubild von Ventilfederstahl[1]

Abb. 59.
τ_D-Dauerfestigkeitsschaubild von Ventilfederstahl[1]

[1] Nach S. Scherdel KG, Spezialfabrik für Ventilfedern, Marktredwitz/Bayern.

wird, d. h., die Feder darf nicht zu hart sein, ausreichende Vorspannung muß vorgesehen werden. Durch zuviel Vorspannung wird der Raumbedarf der Feder vergrößert, das Gewicht erhöht und die Eigenschwingungszahl unnötigerweise gesenkt.

Für die zulässigen Beanspruchungen sind die Werkstoffdauerfestigkeitsschaubilder zugrunde zu legen, wobei jedoch zu beachten ist, daß durch Schwingungen möglicherweise erhebliche Beanspruchungserhöhungen eintreten können (s. Abschn. 2.33). Die Abb. 58 und 59 zeigen σ_D- und τ_D-Dauerfestigkeitsschaubilder für hochwertige ölschlußgehärtete und kugelgestrahlte Ventilfederstähle[1].

Bei luftgekühlten Motoren wird man, insbesondere bei den Auslaßventilfedern, zweckmäßigerweise nicht an die Beanspruchungsgrenzen gehen, weil ein Nachlassen der Federkraft bei den hohen Temperaturen nicht eintreten soll.

Zur Erhöhung der Dauerfestigkeit kann der Ventilfederstahldraht geschliffen und mit Stahlschrot verfestigt werden. Da sich jede Feder etwas setzt, wird sie vom Hersteller häufig einer Sonderbehandlung unterworfen, die eine Maßhaltigkeit auf Dauer gewährleistet. Schraubenfedern sollten nach Möglichkeit so ausgelegt werden, daß sie Blockdrücken vertragen, dann kann auch bei der Montage nichts verdorben werden.

2.321 Berechnung der Federn ohne Berücksichtigung von Schwingungen. Für die Berechnung gelten folgende Formeln:

1. Zylindrische Schraubenfedern (s. Abb. 60 und Beispiel 1, S. 53).

$$P_F = \frac{\pi \tau d^3}{8 k D}, \qquad \tau = \frac{8 P_F D k}{\pi d^3}, \qquad (66)$$

$$f_2 = \frac{8 D^3 P_F}{d^4 G} i, \qquad (67)$$

$$n_e = \frac{30}{\pi} \frac{d}{i D^2} \sqrt{\frac{G}{2 \varrho}} \quad \text{(nach HUSSMANN [20])}; \qquad (68)$$

für Federstahl:

$$n_e = 2{,}17 \frac{d}{i D^2} 10^7$$

$$= \frac{1}{k} 8{,}24 \cdot 10^3 \frac{\tau_w}{f_w} \,[\text{min}^{-1}] \quad \text{(Werte in kp und mm)},$$

$$l_B = (i + 2) d. \qquad (69)$$

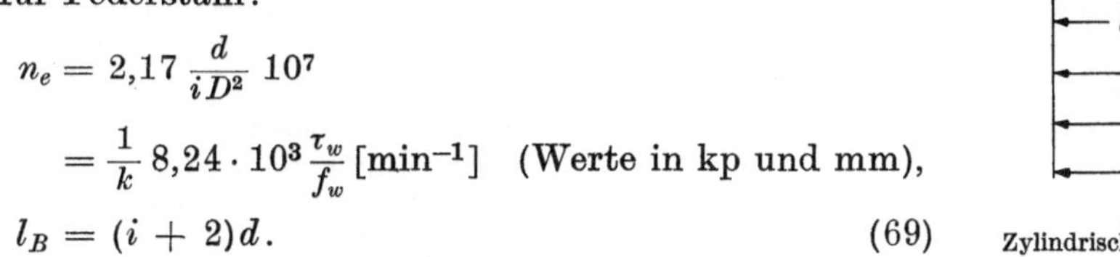
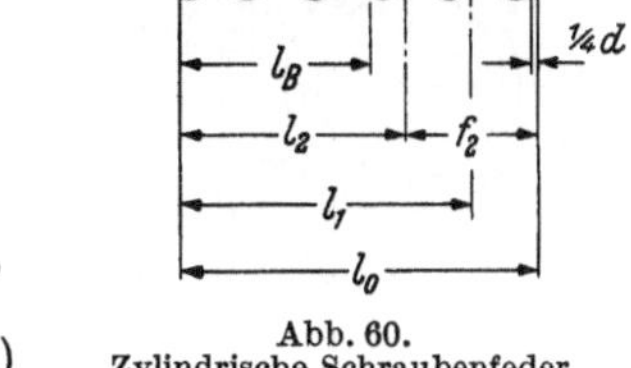

Abb. 60.
Zylindrische Schraubenfeder

Es bedeuten:

$P_F =$ Federkraft,
$\tau =$ Verdrehungsbeanspruchung, $\tau_w = \tau_{\text{max}} - \tau_{\text{vorsp}}$,
$d =$ Drahtdurchmesser,
$k =$ Beiwert zur Berücksichtigung der größeren Beanspruchung am Innendurchmesser der Feder (s. Abb. 61)[2],
$D =$ mittlerer Windungsdurchmesser,
$f_2 =$ gesamte Federung, $f_w = l_1 - l_2$,
$G =$ Gleitmodul, für Federstahl $= 8300$ kp/mm²,
$i =$ wirksame Windungszahl, man wählt diese möglichst halbzahlig, damit sich einseitige Verformungen der Endwindungen ausgleichen.
$l_1 =$ vorgespannte Länge,
$l_2 =$ endgespannte Länge,

---

[1] Nach S. Scherdel KG, Spezialfabrik für Ventilfedern, Marktredwitz/Bayern.
[2] Die Werte sind DIN 2088 und 2089 entnommen.

$l_B =$ Länge der blockgedrückten Feder; hierbei ist an jedem Federende eine Windung angebogen, die an ihrem Anfang auf $^1/_4 d$ senkrecht zur Federlängsachse abgeschliffen ist,

$n_e =$ Eigenschwingungszahl der Feder,

$\varrho = \dfrac{\gamma}{g} =$ Dichte,

$\gamma =$ Wichte des Federwerkstoffs,

$g = 981$ cm/s².

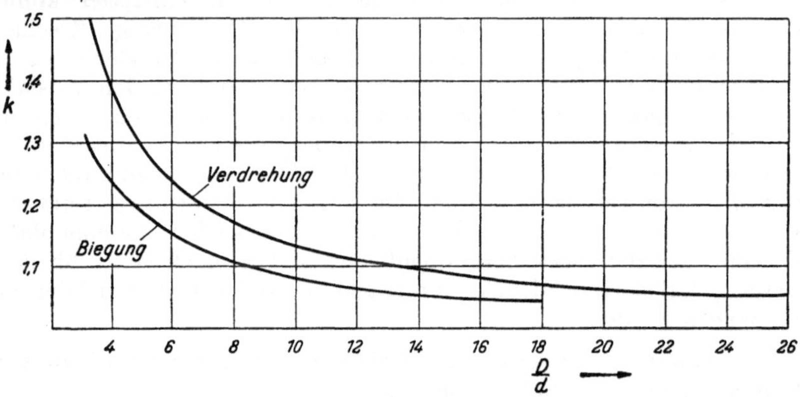

Abb. 61. k in Abhängigkeit von D/d

Wenn die Feder geringfügig konisch ist, kann mit dem mittleren Durchmesser gerechnet werden. Durch eine ungleiche Steigung der Federwindungen läßt sich das Schwingungsverhalten beeinflussen, weil sich mit dem Aufsitzen einzelner Windungen die wirksame Windungszahl verändert.

2. *Haarnadelfeder* (s. a. HUSSMANN [20], Abb. 62 und Beispiel 2, S. 54).

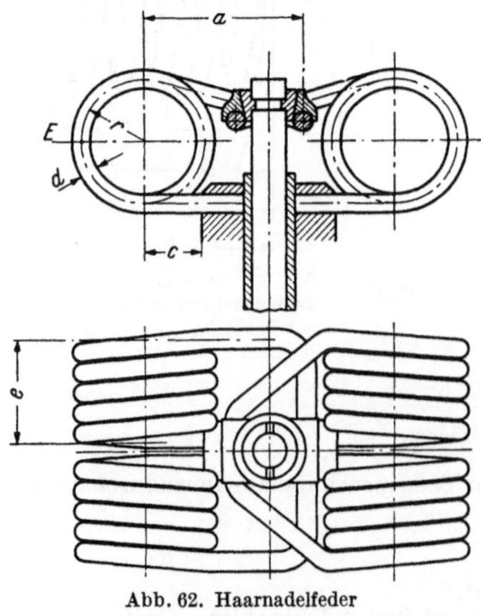

Abb. 62. Haarnadelfeder

$$P_F = \frac{\pi d^3}{8(a+r)k}\sigma, \quad \sigma = \frac{8 P_F(a+r)\,k}{\pi d^3}, \quad (70)$$

$$f = \frac{P_F}{2EJ}\left[r\pi i a^2 + \frac{a^3}{3} - \frac{1}{6}(a-c)^3\right]. \quad (71)$$

Es bedeuten:

$P_F =$ gesamte Federkraft,

$\sigma =$ Biegebeanspruchung, σ_{max} tritt an der Stelle E auf, $\sigma_w = \sigma_{max} - \sigma_{vorsp}$,

$d =$ Drahtstärke,

$r =$ mittlerer Windungsradius,

$k =$ Beiwert zur Berücksichtigung der Drahtkrümmung (s. Abb. 61),

$f =$ Durchbiegung am Kraftangriffspunkt,

$E =$ Elastizitätsmodul, für Federstahl $= 2{,}2 \cdot 10^4$ kp/mm²,

$J = \dfrac{\pi d^4}{64} =$ Trägheitsmoment,

$i =$ Windungszahl einer Federhälfte,

$a, c, e =$ Abstände s. Abb. 62.

c und e sollen möglichst klein gemacht werden, um die Biege- und Torsionsmomente kleinzuhalten.

Untersuchungen über die Eigenschwingungszahlen von Haarnadelfedern sind nicht bekannt, die Eigenschwingungszahlen dürften jedoch so hoch liegen, daß sich ihre Nachrechnung erübrigt.

3. Torsionsstab (s. Abb. 63).

$$P_F = \frac{\pi d^3}{16\,R}\,\tau, \qquad \tau = \frac{16\,R}{\pi d^3}\,P_F, \tag{72}$$

$$f \approx \frac{32}{\pi G}\,\frac{L\,R^2}{d^4}\,P_F. \tag{73}$$

Es bedeuten:

P_F = Kraft am Radius R,
τ = Verdrehbeanspruchung,
f = Bewegung am Radius R; die Abweichung des gerade geführten Ventils von der Bogenbewegung des Hebels ist vernachlässigbar klein,
G = Gleitmodul, für Federstahl = 8300 kp/mm²,
L = wirksame Länge des Torsionsstabes.

Besondere Sorgfalt ist den Einspannstellen zu widmen, an denen leicht Spannungsspitzen auftreten können. Die Eigenschwingungszahl des Torsionsstabes liegt sehr hoch, ihre Nachrechnung erübrigt sich daher.

Beispiel 1:

Die Ventilfeder eines flüssigkeitsgekühlten Viertaktkraftwagenmotors mit obenliegender Nockenwelle ist als zylindrische Schraubenfeder zu entwerfen.

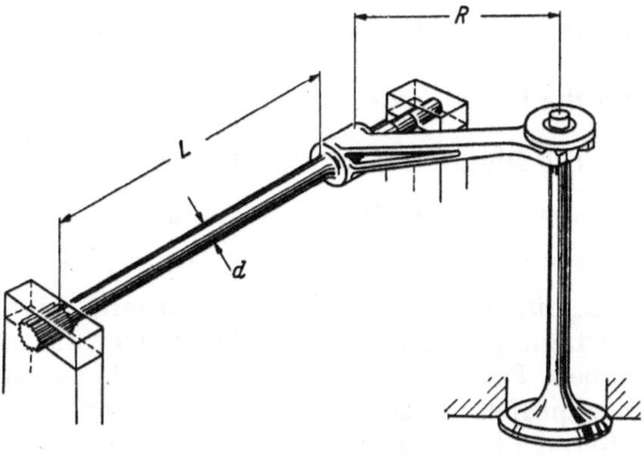

Abb. 63. Torsionsstab

Gegeben:

n_{max} der Kurbelwelle	= 5500 U/min,
max. Ventilhub	= 9,4 mm,
bewegte Massen	= 300 p,
Verzögerung an der Nockenspitze $b_{S\,max}$	= 1900 m/s²,
größter Federdurchmesser	= 37 mm.

Die Federreserve sei in Anbetracht der bei obenliegender Nockenwelle steifen Übertragungsteile etwa 30%.

$$P_{max} \geqq 1,3 \cdot \frac{0,3 \cdot 1900}{9,81} \approx 76\ \text{kp.}$$

Diese Federkraft läßt sich bei den gegebenen Raumverhältnissen nicht in einer Feder unterbringen, es sind daher zwei Federn vorzusehen. Für eine gewählte Drahtstärke von 4,5 mm der äußeren Feder ergibt sich ein mittlerer Durchmesser $D = 37 - 4,5 = 32,5$ mm, $D/d = 7,23$, damit nach Abb. 61 $k = 1,19$.

Bei einer Verdrehbeanspruchung von $\tau_{max} = 58$ kg/mm² wird nach Formel (66)

$$P_{a\,max} = \frac{\pi \cdot 58 \cdot 4,5^3}{8 \cdot 1,19 \cdot 32,5} = 53,6\ \text{kp.}$$

Für $P_{a\,max} = 54$ kp wird $\tau_{max} = 58,4$ kp/mm². Die innere Feder kann unter Berücksichtigung genügenden Freigangs etwa 24 mm als größten Durchmesser erhalten. Für $d = 3$ mm ergibt sich $D = 21$ mm, $k = 1,2$ und nach Formel (66):

$$P_{i\,max} = \frac{\pi \cdot 58 \cdot 3^3}{8 \cdot 1,2 \cdot 21} = 24,4\ \text{kp.}$$

Für $P_{i\,max} = 24$ kp wird $\tau_{max} = 57,1$ kp/mm².

$$P_{a\,max} + P_{i\,max} = 78\ \text{kp.}$$

Der Federweg wird nach Formel (67) für die äußere Feder:

$$f_a = \frac{8 \cdot 32{,}5^3 \cdot 54}{4{,}5^4 \cdot 8300}\, i = 4{,}36 \cdot i\ \text{mm},$$

für die innere Feder:

$$f_i = \frac{8 \cdot 21^3 \cdot 24}{3^4 \cdot 8300}\, i = 2{,}65 \cdot i\ \text{mm}.$$

Nach dem Dauerfestigkeitsschaubild (s. Abb. 59) ist für $\tau_{\max} = 58{,}4\ \text{kp/mm}^2$ $\tau_{\text{vorsp}} \geqq 30\ \text{kp/mm}^2$ zu wählen. Für 4,5 Windungen der äußeren Feder wird $f = 19{,}6\ \text{mm}$ und $\tau_{\text{vorsp}} = 30{,}4\ \text{kp/mm}^2$, d. h. $\tau_w = 28\ \text{kp/mm}^2$; für 7,5 Windungen der inneren Feder wird $f = 19{,}9\ \text{mm}$, $\tau_{\text{vorsp}} = 30{,}1\ \text{kp/mm}^2$ und $\tau_w = 27\ \text{kp/mm}^2$.

Die Eigenschwingungszahl ist nach Formel (68)

für die äußere Feder:
$$n_e = 2{,}17\,\frac{4{,}5 \cdot 10^7}{4{,}5 \cdot 32{,}5^2} = 20\,500\ \text{min}^{-1},$$

für die innere Feder:
$$n_e = 2{,}17\,\frac{3 \cdot 10^7}{7{,}5 \cdot 21^2} = 19\,700\ \text{min}^{-1}.$$

Die Blocklänge wird nach Formel (69)

für die äußere Feder:
$$l_B = (4{,}5 + 2) \cdot 4{,}5 = 29{,}25\ \text{mm},$$

für die innere Feder:
$$l_B = (7{,}5 + 2) \cdot 3 = 28{,}5\ \text{mm},$$

d. h., für die innere Feder müssen mindestens 32,5 mm bei vollem Ventilhub zur Verfügung stehen, dann bleiben noch rund 0,5 mm zwischen den Windungen. Die äußere Feder wird der Führung im Teller wegen länger als die innere, man wird nachprüfen müssen, ob sie ohne Gefahr noch blockgedrückt werden darf. Bei der Montage kann die Feder nicht überbeansprucht werden, da die innere eine Endbegrenzung bringt.

Beispiel 2:

Für den gleichen Motor sollen an Stelle der Schraubenfedern Haarnadelfedern entworfen werden. Durch Verkürzung des Ventils und Verminderung des bewegten Federteils vermindern sich die hin- und hergehenden Massen auf 240 p.

Die Aufzeichnung der Feder ergibt für $d \approx 5\ \text{mm}$ günstige Verhältnisse bei

$$r = 16\ \text{mm}, \quad c = 14\ \text{mm}, \quad a = 41\ \text{mm},$$

$$P_{\max} \approx 76\,\frac{240}{300} \approx 60\ \text{kp}.$$

Für $d = 5\ \text{mm}$ wird $\dfrac{D}{d} = 6{,}4$ und nach Abb. 61 $k = 1{,}145$; nach Formel (70) errechnet sich:

$$\sigma_{\max} = \frac{8 \cdot 60\,(41 + 16) \cdot 1{,}145}{\pi \cdot 5^3} = 79{,}8\ \text{kp/mm}^2;$$

nach Formel (69) wird:

$$f = \frac{60 \cdot 64}{2 \cdot 2{,}2 \cdot 10^4 \cdot \pi \cdot 5^4}\left[16 \cdot \pi \cdot i \cdot 41^2 + \frac{41^3}{3} - \frac{1}{6}\,(41 - 14)^3\right] = 3{,}76\,i + 0{,}878;$$

für $i = 4{,}5$ ergibt sich:

$$f = 17{,}78\ \text{mm}.$$

Damit wird $\sigma_{\text{vorsp}} = 37{,}6\ \text{kp/mm}^2$, $\sigma_m = 58{,}7\ \text{kp/mm}^2$ und $\sigma_w = 42{,}2\ \text{kp/mm}^2$.

Diese Beanspruchung liegt geringfügig über dem Bereich bisher bewährter Haarnadelventilfedern (s. Abb. 58).

2.322 Berechnung der Schwingungsbeanspruchung. Die Ventilfeder ist ein schwingungsfähiges Gebilde, es können sich daher der durch die Ventilbewegung erzeugten Wechselbeanspruchung noch Schwingungsbeanspruchungen überlagern. Eine von Hussmann [21] berechnete Resonanzkurve zeigt Abb. 64, sie stellt Ausschläge der mittleren Federwindung in den Resonanzgebieten dar. Die sich ohne Berücksichtigung von Schwingungen ergebenden Verdrehbeanspruchungen τ_{max} und τ_w (s. Abschn. 2.321) und die im Resonanzfall zusätzlichen Werte τ_R zeigt Abb. 65. Die tatsächliche maximale Beanspruchung ist daher:

$$\tau'_{max} = \tau_{max} + \tau_R,$$

die tatsächliche Wechselbeanspruchung ist:

$$\tau'_w = \tau_w + 2\tau_R.$$

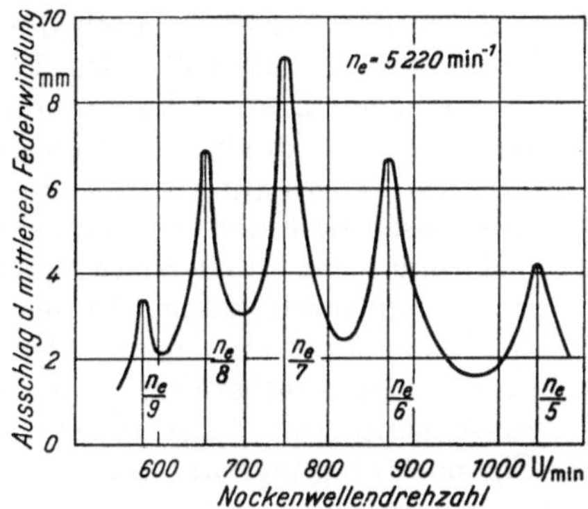

Abb. 64. Resonanzkurve einer zylindrischen Schraubenfeder (nach Hussmann)

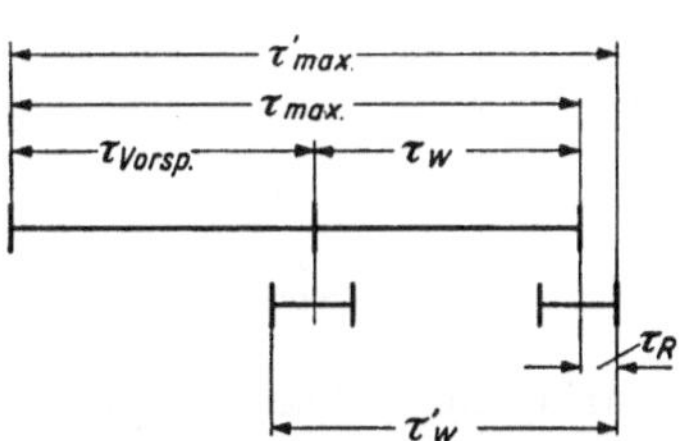

Abb. 65. Zusammensetzung der Beanspruchungen

Nach Hussmann [21] errechnet sich das Verhältnis $\dfrac{\tau'_w}{\tau_w}$ zu:

$$\frac{\tau'_w}{\tau_w} = \lambda\,\frac{c_\mu}{s_{max}} \cdot \frac{\pi\,n_e}{30\,b}. \tag{74}$$

Darin bedeuten:

λ = Grad der Schwingung = 1, 2, 3, …,
μ = Ordnungszahl der Harmonischen,
c_μ = Erregerscheitelwerte,
s_{max} = max. Ventilhub,
n_e = Eigenschwingungszahl (s. Abschn. 2.321),
b = Dämpfungswert; b kann aus Abb. 66 entnommen werden, diese Kurve stellt einen Mittelwert von Hussmann gemessener Federn dar.

Um die c_μ-Werte zu erhalten, muß die harmonische Analyse der Ventilerhebung durchgeführt werden. Hierzu teilt man die Ventilerhebung in 36 oder 72 Teile — je nachdem, ob man bis zur 17. oder 35. Harmonischen[1] analysieren will —, ein und setzt die Hubwerte in Schemata ein, wie sie z. B. von

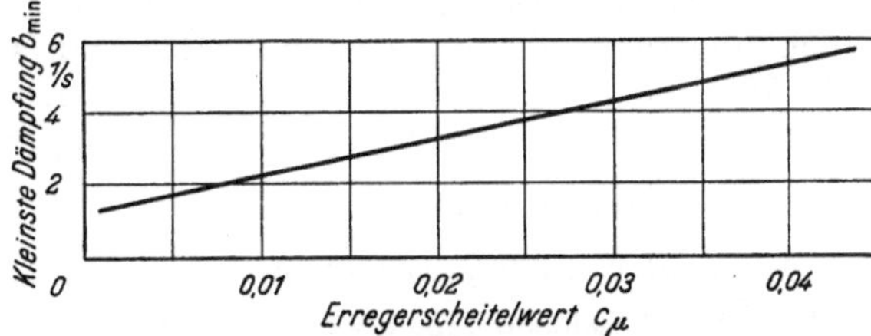

Abb. 66. Mittelwert für kleinste Dämpfung (nach Hussmann)

Hussmann [22], Zipperer [23] u. a. zur harmonischen Analyse angegeben werden. Man erhält dann a_μ- und b_μ-Werte, die durch die Beziehung $c_\mu = \sqrt{a_\mu^2 + b_\mu^2}$ die gesuchten Werte c_μ ergeben; wird das Ventilerhebungsdiagramm nach Abb. 67 aufgezeichnet, dann werden die b_μ-Werte null und $c_\mu = a_\mu$.

---

[1] Bis zur 11. bzw. 22. Ordnung erhält man weniger als 10% Fehler.

Die Nockenwellendrehzahlen n_N, bei denen die Ventilfeder in Resonanz kommt, sind:

$$n_N = \frac{n_e}{\mu}\,\lambda\,.$$

Um $\dfrac{\tau_w'}{\tau_w}$ zu berechnen, sind für die Resonanzdrehzahlen die c_μ-Werte in Formel (74) einzusetzen.

Die Schwingungsrechnung setzt voraus, daß die tatsächliche Ventilerhebung genau nach der errechneten verläuft, was jedoch nicht der Fall ist (s. Abschn. 2.112). BROSINSKY [47] stellt fest, daß bei der Erregung auch die Anheb- und Aufsetzstöße des Ventils wesentlichen Einfluß haben können. Weiterhin wirkt sich das Ventilspiel auf das Schwingungsverhalten aus. Aus diesen Gründen wird eine Nachrechnung der Federschwingungen nur selten durchgeführt. In der Praxis beobachtet man meist über den Betriebsdrehzahlbereich mit dem Stroboskop die Ventilfeder; zeigt

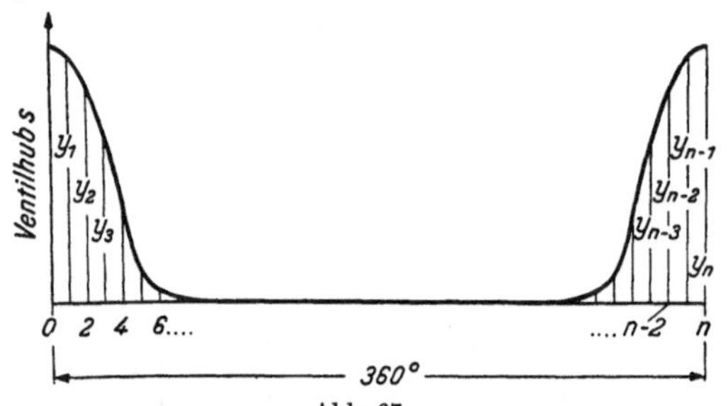

Abb. 67.
Aufteilung der Nockenerhebung zur harmonischen Analyse

diese starke Ausschläge, dann wird man ihre Eigenschwingungszahl ändern, gegebenenfalls eine Aufteilung in mehrere Federn vornehmen.

2.33 Dynamik des Ventiltriebs[1]

Die Ventilfeder muß für den Kraftschluß zwischen Nocken und Ventil sorgen und ein Abheben verhindern. Die im Abschn. 2.32 dargelegte Federberechnung setzt voraus, daß die Ventilbewegung der berechneten genau folgt. Dies ist aus folgenden Gründen jedoch nicht der Fall (s. a. Abschn. 2.112):

1. Abweichen der Nockenform durch Fertigungsungenauigkeiten.

2. Ungleichförmigkeit der Nockendrehung (Elastizität des Antriebs und der Nockenwelle, Beeinflussung durch die übrigen Nocken; Ausschläge der Kurbelwelle).

3. Elastizität von Ventil und Übertragungsteilen.

4. Ventilfederschwirren.

Am meisten wirkt sich hiervon Punkt 3 aus. Der Wechsel von gespeicherter und freiwerdender Energie verursacht eine erzwungene Schwingung. Die ihrer Berechnung zugrunde zu legenden Kräfte sind (s. a. Abschn. 2.36):

1. *Massenkräfte* B_N, auf den Nocken bezogen:

$$B_N = m_N\,b_N = i^2 m_V\,s''\,\omega^2,$$

$i = \dfrac{l_2}{l_1}$ (s. Abb. 34 bzw. 57),

$m_V =$ auf das Ventil bezogene Masse,

$s'' = \dfrac{b_N}{\omega^2} =$ Beschleunigung als Funktion des Nockenwinkels.

2. *Federkräfte* P_{FN}, auf den Nocken bezogen:

$$P_{FN} = i\,P_0 + i^2 c\,s,$$

$P_0 =$ Federvorspannung,

$c =$ Federkonstante der Ventilfeder,

$s =$ Nockenhubfunktion.

---

[1] Eine ausführliche Darstellung der Schwingungsberechnung mit Beispielen wurde von DERNDINGER veröffentlicht [49].

3. *Gaskräfte.* Sie treten nur beim Auslaßventil und nur kurzzeitig beim Öffnen des Ventils auf; sie werden bei der Schwingungsrechnung vernachlässigt, der entstehende Fehler ist sehr klein.

4. *Reibungskräfte.* Auch diese können vernachlässigt werden, da sie im Vergleich zu den übrigen Kräften nicht ins Gewicht fallen.

Insgesamt sind somit die theoretischen Kräfte am Nocken als Funktion des Nockenwinkels:

$$P_{th} = i P_0 + i^2 c s + i^2 m_V s'' \omega^2 = f(\varphi).$$

Der tatsächliche Ventilhub weicht infolge der Elastizität der Bauteile vom theoretischen teils positiv, teils negativ ab, die tatsächliche Kraft P ist:

$$P = i P_0 + i^2 c (s + x) + i^2 m_V (s'' + x'') \omega^2,$$

$x =$ Abweichung des Nockenhubs.

Andererseits bewirkt die Kraft P die Verformung des Systems, sie ist daher auch:

$$P = - i^2 k x,$$

$k =$ Federkonstante des Systems am Ventil gemessen (s. a. Abschn. 2.34).

Wird noch die Dämpfung d berücksichtigt, dann ergibt sich umgeformt die Differentialgleichung für die Schwingung:

$$i^2 m_V \omega^2 x'' + d \omega x' + i^2 (c + k) x = - i P_0 - i^2 c s - i^2 m_V \omega^2 s''. \tag{75}$$

Für den in Abschn. 2.312 behandelten ruckfreien Nocken läßt sich diese Gleichung ohne Schwierigkeiten lösen. Die Eigenfrequenz der Ventilsteuerung ist:

$$\omega_0 = \sqrt{\frac{k}{m_V}}.$$

Als Dämpfung wird $d = 2$ empfohlen, sie geht nur gering in die Rechnung ein.

Man kann nun die dynamische Ventilhubkurve berechnen, ein Beispiel zeigt Abb. 68. Außer einem Nachhüpfen am Ende der Erhebungskurve ist an dieser wenig zu erkennen, weil das Abheben nur sehr kleine Werte erreicht, im Geschwindigkeitsablauf dagegen zeigt sich deutlich die überlagerte Schwingung, im Beschleunigungsbild wird sie ganz offenkundig. Dieses Bild ist für die Beurteilung einer Ventilsteuerung besonders wertvoll, man erkennt sofort, ob die Ventilfeder noch ausreicht. Die dynamischen Massenkräfte, deren erste Schwingungsamplitude punktiert eingezeichnet ist, übertreffen im Punkt A bei weitem die Federkräfte, so daß Abheben und Hüpfen am Kurvenende eintritt.

Da meist nur interessiert, bis zu welcher Drehzahl eine Ventilsteuerung brauchbar ist, genügt die Berechnung der Amplituden A. Für den ruckfreien Nocken nach Abschn. 2.312 ergibt sich folgender Rechnungsgang[1]:
Maximale Ventilfederkraft am Nocken:

$$P_{FN} = i (P_0 + i c H) \, [\text{kp}].$$

Maximale theoretische Verzögerungskraft am Nocken:

$$| P_{th\,max} | = 2 i^2 m_V c_{32} \left(\frac{\pi}{30} \right)^2 n_{KW}^2 \, [\text{kp}].$$

---

[1] Wird der Nocken mit der elektronischen Rechenmaschine berechnet, kann die Schwingungsrechnung gleichzeitig durchgeführt werden.

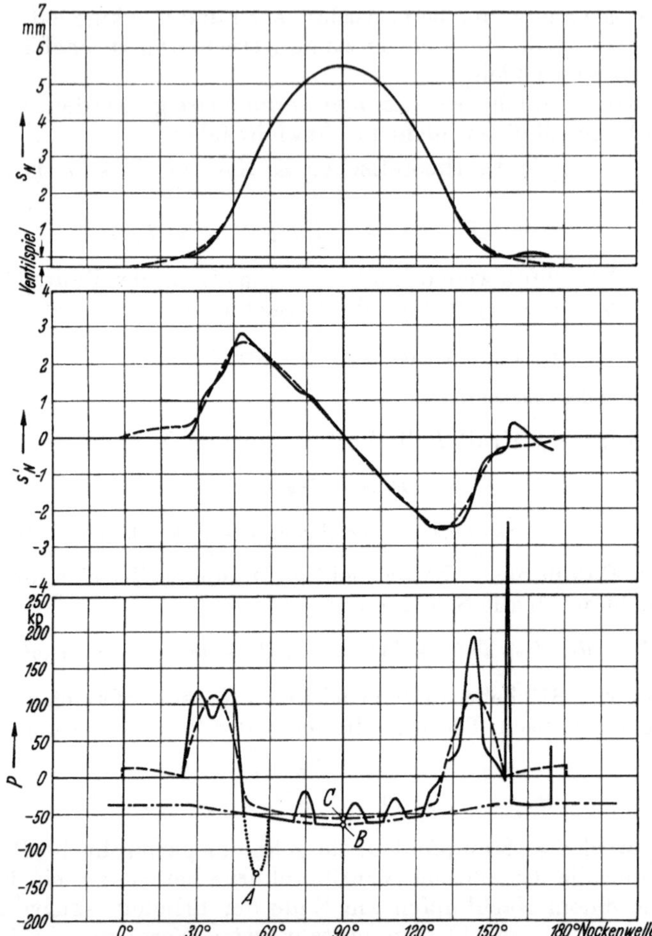

Abb. 68. Dynamisches Verhalten eines Ventils.

——————— Errechnete Werte; die mit dem Oszillographen gemessene Hubkurve deckt sich innerhalb der Zeichengenauigkeit mit den errechneten Werten
— — — — Durch die Nockenform gegebene Werte
— . — . — . — Ventilfederkraft
. . . . Verlauf der errechneten dynamischen Massenkraft bei beliebig verstärkter Ventilfeder

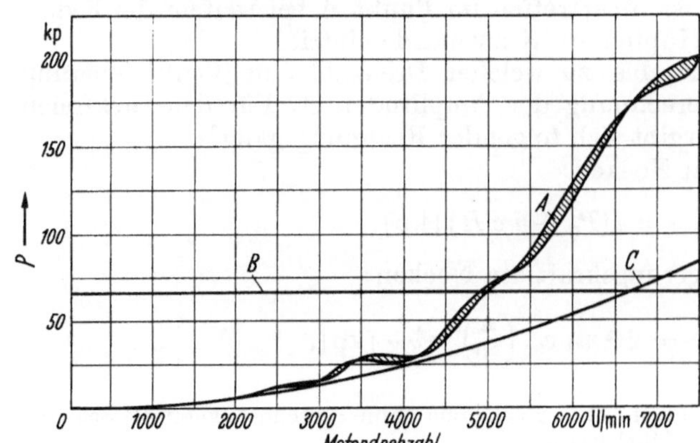

Abb. 69. Schwingungsschaubild
einer Ventilsteuerung

Maximale dynamische Verzögerungskraft am Nocken:

$$P_{\max} = |P_{th\,\max}| + \left| i^2 m_V \left(\frac{\pi}{30}\right) \cdot n_0^2 A_3 \right| \; [\text{kp}].$$

$H, \Phi_1, \Phi_2, c_{12}, c_{22}$ [° bzw. mm] = Nockendaten (s. Abschn. 2.312),
n_{KW} = Drehzahl der Kurbelwelle; es wird empfohlen, von 500 bis 3000 U/min Stufen von 500 U/min, von 3000 bis 8000 U/min Stufen von 200 U/min zu wählen.

$$n_0 = \frac{30}{\pi} \sqrt{\frac{k}{m_V}} \; [1/\text{min}],$$

$$A_3 = \frac{1}{\sin \alpha_3} \left[A_2 \sin \left(\frac{90°}{b_2} + \alpha_2\right) + d_{22} b_2^2 \cos \beta_2 \right] \; [\text{mm}],$$

$$A_2 = \frac{c_{12}}{\sin \alpha_2} \left[\frac{d_{12}}{c_{12}} b_1 \cdot \sin \frac{180°}{b_1} + \frac{d_{22}}{c_{12}} b_2^2 \sin \beta_2 \right] \; [\text{mm}],$$

$$b_1 = \frac{\pi}{\Phi_1} \frac{n_{KW}}{n_0}, \qquad b_2 = b_1 \frac{\Phi_1}{2\Phi_2},$$

$$\frac{d_{12}}{c_{12}} = \frac{b_1^2}{1 - b_1^2} \cos \beta_1, \qquad d_{22} = c_{22} \frac{b_2^2}{1 - b_2^2} \cos \beta_2,$$

$$\beta_1 \text{ aus } \tan \beta_1 = \frac{b_1/d}{1 - b_1^2}, \qquad \beta_2 \text{ aus } \tan \beta_2 = \frac{b_2/d}{1 - b_2^2},$$

$$\alpha_2 \text{ aus } \tan \alpha_2 = \frac{\dfrac{d_{12}}{c_{12}} b_1 \sin \dfrac{180°}{b_1} + \dfrac{d_{22}}{c_{12}} b_2^2 \sin \beta_2}{\dfrac{d_{12}}{c_{12}} b_1 \left(1 + \cos \dfrac{180°}{b_1}\right) - \dfrac{d_{22}}{c_{12}} b_2 \sin \beta_2},$$

$$\alpha_3 \text{ aus } \tan \alpha_3 = \frac{A_2 \sin \left(\dfrac{90}{b_2} + \alpha_2\right) + d_{22} b_2^2 \cos \beta_2}{A_2 \cos \left(\dfrac{90}{b_2} + \alpha_2\right) + d_{22} b_2 \sin \beta_2}.$$

In Abb. 69 ist als Beispiel das Ergebnis einer derartigen Rechnung dargestellt. Die Kurven A stellen die Extremwerte der verschiedenen Ventile des Motors dar — man ersieht, daß sie infolge der hier nicht sehr verschiedenen Steifigkeiten dicht beieinander liegen —, C ist die theoretische maximale Verzögerungskraft und B die maximale Ventilfederkraft. Während die Kurve C erst bei n_{KW} = 6700 U/min B schneidet, geschieht dies durch A schon bei 4900 U/min, also ganz wesentlich früher. Die Praxis hat gezeigt, daß das Ventil meist ein gewisses Hüpfen ertragen kann, etwa 5700 U/min konnten im vorliegenden Falle noch unbedenklich zugelassen werden.

Im Schwingungsschaubild zeigt der ruckfreie Nocken besondere Vorteile; obwohl die Erhebungskurven kaum merklich voneinander abweichen, ergeben sich stark abweichende Schwingungsbilder (s. Abb. 70, A ist wieder die tatsächliche, C die errechnete Kraft).

Zusammenfassend ist zu sagen: Um möglichst hohe Motordrehzahlen erreichen zu können, ist vor allem eine hohe Steifigkeit des ganzen Systems anzustreben, dann sind geringe bewegte Massen wichtig und schließlich ist eine günstige Nockenform zu wählen. Ein breiterer Beschleunigungsabschnitt Φ_1 wirkt sich sehr günstig aus, allerdings wird möglicherweise der Leerlauf und das Motordrehmoment bei niederen Drehzahlen schlechter, bei Sportmotoren nimmt man dies in Kauf. Nur verhältnismäßig wenig erreicht man mit einer Verstärkung der Ventilfeder, weil die Kurven meist steil ansteigen.

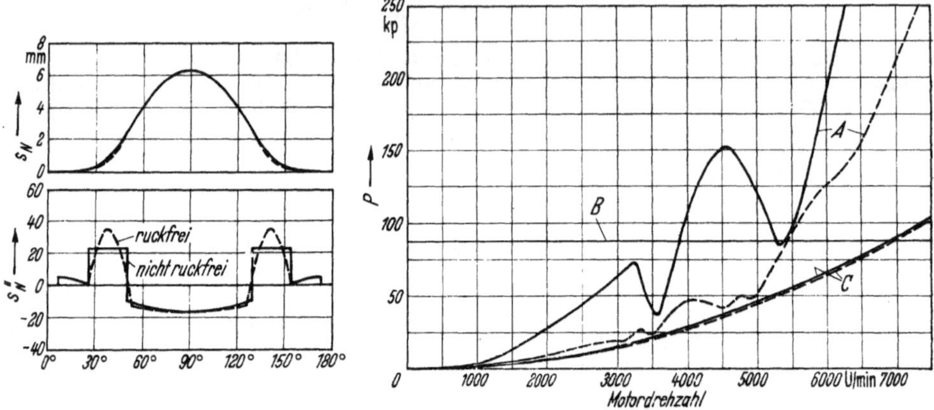

Abb. 70. Schwingungsschaubild mit ruckfreiem (— — —) und nicht ruckfreiem (————————) Nocken

2.34 Bestimmung der Steifigkeit einer Ventilsteuerung

Zur Beurteilung der erreichbaren Drehzahl einer Ventilsteuerung ist die Kenntnis der Steifigkeit k erforderlich. Man kann sie berechnen aus den Elastizitäten der Einzelteile — sofern diese nicht erfaßbar sind, müssen sie nach Erfahrungswerten geschätzt werden — oder man kann sie an der ausgeführten Steuerung messen. Genaugenommen ändert sich die Steifigkeit laufend mit der Nockendrehung, doch ist der Fehler nicht groß, wenn man irgendeine Nockenstellung wählt.

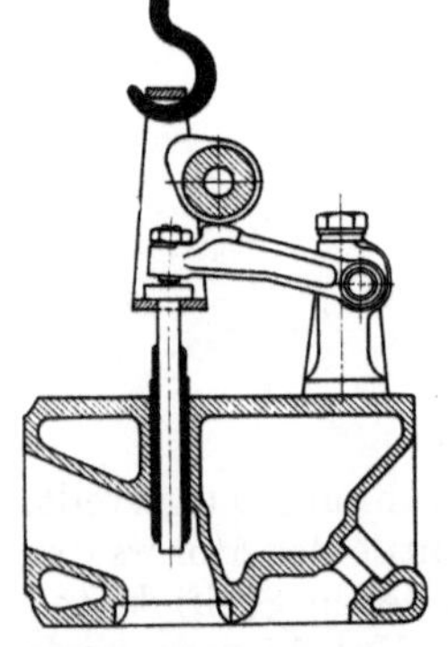

Abb. 71. Schema zur Messung der Steuerungselastizität

Abb. 71 zeigt ein Schema der Versuchsanordnung zur Messung der Elastizität, wie sie in vielen Fällen genügt. Man kann hierbei auch die Einzelteile vermessen, indem man die Kraft an den entsprechenden Stellen ansetzt oder sehr steife Zwischenstücke vorsieht. Sofern die Teile einfache Form haben, sollten sie auch gerechnet werden.

Um eine Vorstellung zu vermitteln, wie sich die Elastizitäten verteilen, sind in Zahlentafel 2 vier Beispiele für Vierzylinder-Reihenmotoren aufgeführt:

1. Motor mit dreimal gelagerter untenliegender Nockenwelle mit Stößel, Stoßstange und auf Kugel gelagertem Kipphebel (ähnlich Abb. 18).

2. Motor mit fünfmal gelagerter untenliegender Nockenwelle, im übrigen wie 1.

3. Motor mit dreimal gelagerter obenliegender Nockenwelle mit Schwinghebel (ähnlich Abb. 25).

4. Motor mit fünfmal gelagerter obenliegender Nockenwelle, sonst wie 3.

Aus den angegebenen Werten kann man die jeweiligen Anteile gut erkennen. Man sieht deutlich, daß der Kipphebel mit seiner Lagerung sehr stark eingeht (s. a. [48]); daher ist auch eine obenliegende Nockenwelle mit Kipphebel wesentlich elastischer als eine Schwinghebelkonstruktion; weiterhin ist die Zahl der Nockenwellenlager von Bedeutung, durch Verstärkung des Nockenwellendurchmessers kann dieser Einfluß gemindert werden. Unterschiede beim Ein- und Auslaßventil, wie sie die Zahlentafel 4 auf S. 67 zeigen, ergeben sich aus dem Abstand des Ventils vom Nockenwellenlager. Die genannten Werte sind herausgegriffene Beispiele, die nur die Größenordnung der zu erwartenden Elastizitäten angeben sollen.

Zahlentafel 2. *Elastizitäten bei verschiedenen Vierzylinder-Reihenmotoren*

Verformung bei 100 kp Belastung auf das Ventil bezogen in mm	Motor mit dreimal gelagerter, untenliegender Nockenwelle (ähnlich Abb. 18)	Motor mit fünfmal gelagerter, untenliegender Nockenwelle	Motor mit dreimal gelagerter, obenliegender Nockenwelle (ähnlich Abb. 25)	Motor mit fünfmal gelagerter, obenliegender Nockenwelle
Durchbiegung der Nockenwelle . . .	0,06	0,01	0,06	0,01
Kipp- bzw. Schwinghebeldurchbiegung	0,06	0,06	0,01	0,01
Längenänderung der Stoßstange . .	0,04	0,04	—	—
Nachgiebigkeit der Kipphebellagerung	0,01	0,01	—	—
Summe	0,17	0,12	0,07	0,02
Steifigkeit [kp/mm] .	588	833	1430	5000

2.35 Ventil, Ventilführung und Ventilsitz

Das Ventil, insbesondere das Auslaßventil, ist ein thermisch, mechanisch und chemisch außerordentlich hoch beanspruchtes Bauteil, und man muß sich fürwahr wundern, daß es betriebssicher arbeitet. Das Einlaßventil erreicht Temperaturen zwischen 300 und 500 °C, das Auslaßventil zwischen 600 und 800 °C; wegen des unvermeidlichen Ventilspiels ist das Ventil beim Aufsetzen auf den Sitz dauernden Schlägen ausgesetzt; durch chemische Zusätze, z. B. Bleitetraäthyl, das zur Erhöhung der Klopffestigkeit dem Kraftstoff zugesetzt ist, wird das Ventil angegriffen, es tritt Heißkorrosion ein, und es entstehen Narben und Kerben, die die Haltbarkeit des Werkstoffs herabsetzen.

Das Ventil nimmt mit großer Oberfläche im Verbrennungsraum Wärme auf und kann diese nur über den Ventilschaft und den Ventilsitz ableiten. Wenn die Dichtung am Ventilsitz bei der Verbrennung nicht einwandfrei ist, treten schnell so hohe Temperaturen auf, daß das Ventil ausbrennt. Der Konstrukteur muß darauf achten, daß der Ventilsitz möglichst gut gekühlt ist, daß die Ableitung der Wärme durch den Ventilschaft günstig ist und daß die Ventilführung aus einem die Wärme gut leitenden Werkstoff besteht und ebenfalls beste Kühlung hat.

2.351 Ventil. Der Werkstoff des Ventils muß hohe Warmfestigkeit und Zunderbeständigkeit haben, besondere Stähle wurden hierfür entwickelt (s. Zahlentafel 3). Bei Hochleistungsmotoren panzert man häufig die Sitzpartie des Auslaßventils mit besonders widerstandsfähigem Werkstoff (s. Abb. 72), der etwa 60% Ni und 15% Cr enthält (früher meist Stellit genannt). Die Aufbringung erfolgt durch Aufschweißen, Schwierigkeiten können durch die unterschiedlichen Wärmeausdehnungskoeffizienten entstehen, der hochhitzebeständige Ventilwerkstoff kann bis zu $19 \cdot 10^{-6}\,1/°C$ erreichen, der Panzerwerkstoff hat dagegen nur $12 \div 13 \cdot 10^{-6}\,1/°C$. Bei Flugmotoren versieht man außer der Panzerung den ganzen Ventilteller noch mit einem Cr- oder Cr—Ni-Überzug, um Narbenbildung und dadurch erhöhte Wärmeaufnahme und Anrißgefahr zu vermeiden.

Zur Verbesserung der Wärmeleitung vom Ventilteller zum Schaft hat sich beim Auslaßventil eine Füllung des hohlen Schaftes oder auch Tellers mit metal-

Zahlentafel 3. *Ventilwerkstoffe*

Bezeichnung nach DIN 17006	Chemische Zusammensetzung in %	Vergütet			Rockwellhärte am gehärteten Schaftende HRc	Bemerkungen, Anwendungsgebiet
		Zugfestigkeit σ_B in kp/mm²	Streckgrenze σ_S in kp/mm²	Bruchdehnung δ_5 in %		
41 Cr 4	C 0,38÷0,44 Cr 0,9÷1,2 Si 0,15÷0,35 Mn 0,5÷0,8 P und S je < 0,035	90÷105	> 70	> 10	54÷60	Einlaßventile
42 CrMo 4	C 0,38÷0,45 Cr 0,9÷1,2 Si 0,15÷0,35 Mn 0,5÷0,8 Mo 0,15÷0,25 P und S je < 0,035	90÷105	> 70	> 10	54÷60	Einlaßventile
X 45 CrSi 9	C 0,4÷0,5 Cr 8,5÷9,5 Si 2,8÷3,3 Mn 0,3÷0,6	90÷105	> 70	> 14	54÷60	Hoch beanspruchte Auslaßventile
X 45 CrNiW 189	C 0,4÷0,5 Cr 17÷19 Si 2÷3 Ni 8÷10 Mn 0,8÷1,5 W 0,8÷1,2	80÷100	> 40	> 25	nicht härtbar	Höchste Warmbeständigkeit und Zunderfreiheit. Höchst beanspruchte Auslaßventile
X 50 CrMnNi 229	C 0,45÷0,55 Cr 20÷22 Si < 0,2 Ni 3,5÷5,5 Mn 8÷10 N < 0,25 S Spuren	110÷130	~69	~10	nicht härtbar	Amerikanischer Werkstoff für Auslaßventile. Keine Panzerung von Sitz und Ventilende

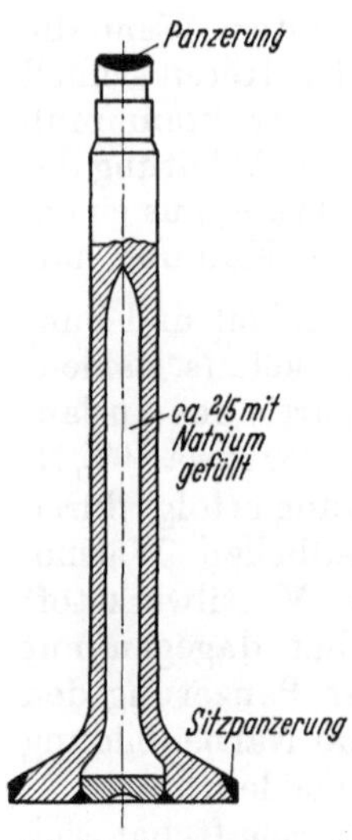

Abb. 72. Gepanzertes und innengekühltes Ventil

lischem Natrium bewährt (s. Abb. 72). Das Natrium verdampft und leitet die Wärme vom Teller ab. Nach Messungen von Zeyns [5] genügt die Kühlung des Schaftes, diejenige des Tellers bringt Herstellungsschwierigkeiten ohne entsprechende Wirkung. Die optimale Füllmenge ist etwa zwei Fünftel des Hohlraumes. Der geringste Schaftdurchmesser, der in der Serienfabrikation mit Natriumfüllung versehen werden kann, beträgt 11 mm, die Innenbohrung kann dann mit 7 mm ausgeführt werden. Die Senkung der maximalen Ventiltemperatur durch Füllung des Schaftes beträgt bis zu 100 °C. Die Temperaturverteilung in einem Auslaßventil zeigt Abb. 73, man erkennt deutlich, daß am Ventilsitz beträchtlich Wärme abgeführt wird [*28*]. Auch beim Einlaßventil kann eine Natriumfüllung vorteilhaft sein, nicht der Haltbarkeit wegen, sondern um die Erwärmung der einströmenden Frischgase zu verringern (s. Abschn. 1.2 und Abb. 26). Da die hochhitzebeständigen Werkstoffe erhöhte Wärmedehnung haben, was sich ungünstig auf das Ventilspiel auswirkt, kann das Ventil auch einen stumpf angeschweißten, weniger warmfesten Schaft erhalten (Bischaft-ventil); zudem ist hierdurch eine Verbilligung zu erreichen.

Beanstandungen am Ventil ergeben sich häufig durch Festsetzen in der Führung. Das Öl verkokt an dem dem Ventilteller zugewandten Ende der Ventilführung, und das Ventil bleibt hängen. Man muß dafür sorgen, daß die Ventilführung nicht vorsteht und dadurch von außen noch Wärme aufnimmt, verschiedentlich wird die Führung zum Ventilteller hin leicht konisch aufgeweitet. Sehr gut bewährt hat sich eine Hartverchromung des Ventilschaftes, an der das verkokte Öl schlecht haftet.

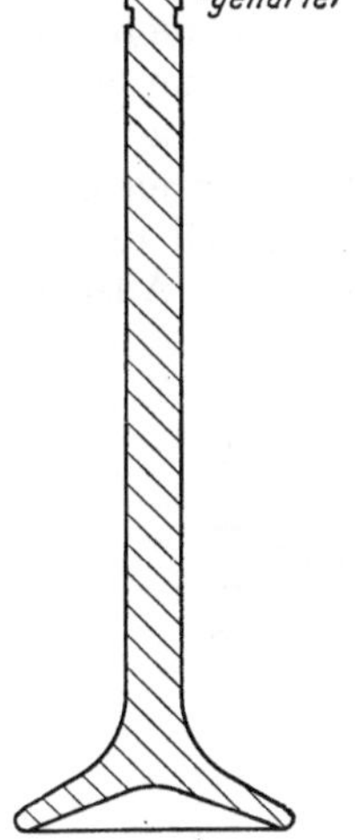

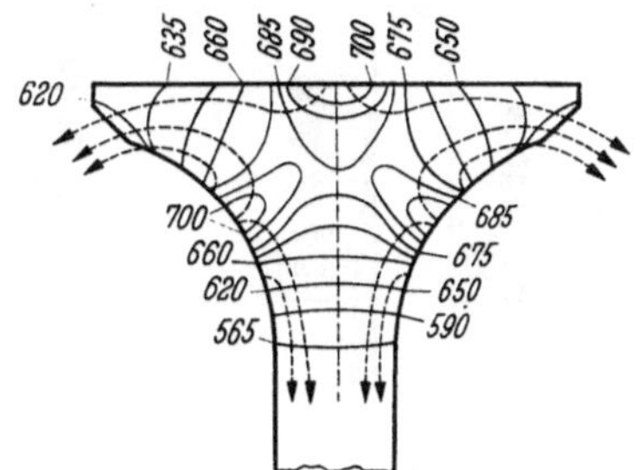

Abb. 73. Temperaturverteilung an einem Auslaßventil

Abb. 74. Tulpenventil

Der Ventilteller, vor allem des Einlaßventils, wird vielfach tulpenförmig ausgebildet (s. Abb. 74), um das Ventil leichter und elastischer zu machen. Es muß hierbei jedoch mit einer vermehrten Wärmeaufnahme durch die größere Oberfläche gerechnet werden, die Aushöhlung sollte daher nicht zu tief sein.

Am Schaftende ist oft Härtung nötig, weil sich das Übertragungsglied einschlägt. Die Wahl des Ventilwerkstoffs wird gegebenenfalls durch diese Härtung beeinflußt, weil nicht jeder Werkstoff die nötige Härte ergibt (s. Zahlentafel 3). Bei gepanzerten Ventilen schweißt man harten Werkstoff auf (s. Abb. 72).

Zur Befestigung des Federtellers am Schaft werden meist 2 Halbkeile verwendet, die an einer Nut des Schaftes fixiert werden; durch die Keilwirkung (10 bis 14°) werden sie so stark an den Ventilschaft angepreßt, daß der Reibschluß den größten Teil der Kräfte überträgt. Wichtig ist natürlich, daß der Federteller steif genug ist und sich nicht durchzieht. Früher verschiedentlich verwendete einseitig offene Ringe sind heute nicht mehr in Gebrauch.

Um dem Ventil eine Drehung zu geben, damit die besonders erhitzten Stellen des Tellers wechseln, wurden von der amerikanischen Industrie Ventildrehvorrichtungen entwickelt (s. Abb. 75). Bei der Ausführung von Rotovalve (Abb. 75 a) wird bei Belastung erst ein Käppchen bewegt, das zum Ventil ein geringes Spiel hat. Das Käppchen hebt über den Haltekörper (Keile oder einseitig offener Ring) den Federteller an, das Ventil ist dann kurze Zeit frei. Da die Ventilfeder beim Zusammendrücken am freien Ende eine Drehbewegung ausführt, dreht sich auch das Ventil. Diese Bewegung ist nicht zwangsläufig und daher nur langsam. Die wechselnde Anlage der Übertragungsteile verursacht Geräusche, die als Nachteil zu werten sind, diese Ausführung konnte sich daher in der Praxis nicht durchsetzen.

Eine zwangsläufige Drehung wird durch die Ausführung von Rotocap (Abb. 75 b) bewirkt, bei der in den Federteller eine besondere Drehvorrichtung eingebaut ist. Eine Ringfeder und am Umfang eingebaute Schraubenfedern heben über Kugeln, die auf schrägen Bahnen gleiten, den oberen Federteller an. Unter Last werden Ringfedern und Schraubenfedern zusammengedrückt, und die Feder mit dem Ventil dreht sich, weil die Kugeln die Schrägbahnen bewegen.

Während man die Vorrichtung ursprünglich am Federteller anbrachte, wird sie heute allgemein am ruhenden Sitz der Ventilfeder vorgesehen, um die bewegten Massen nicht zu erhöhen. An Stelle von Rotocap wird auch Rotocoil empfohlen (Abb. 75c), eine Schraubenfeder mit leicht geneigten Windungen ersetzt die Kugeln mit ihren Bahnen.

Der Vorteil der Ventildrehvorrichtung vor allem beim Auslaßventil ist beträchtlich, die Ausführung nach Abb. 75b findet zunehmend Anwendung

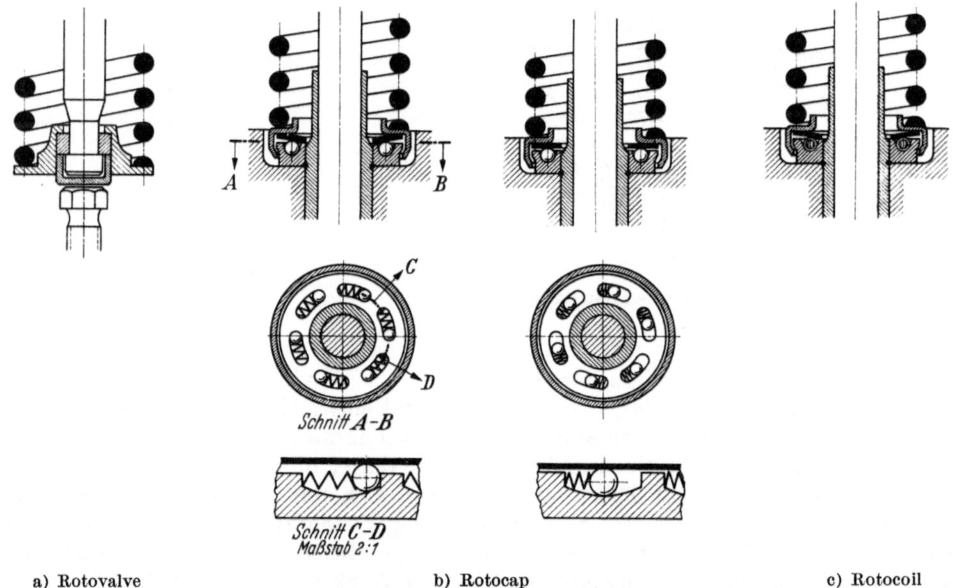

a) Rotovalve   b) Rotocap   c) Rotocoil

Abb. 75 a—c. Ventildrehvorrichtungen

2.352 Ventilführung. Die Ventilführung wird bei mäßig belasteten Motoren meist aus Grauguß, bei Hochleistungsmotoren aus einem Werkstoff mit hoher Wärmeleitfähigkeit, z. B. Kuprodur oder besser noch Thermohedul, hergestellt. Wie bereits erwähnt, soll die Auslaßventilführung nicht in den Auslaßkanal hineinstehen, um nicht auch noch von außen Wärme aufzunehmen, andererseits soll sie möglichst weit zum Ventilteller reichen; hierdurch werden die Ventiltemperaturen gesenkt (s. auch ZEYNS [5]). Eine gewisse Verengung des Auslaßkanals kann meist in Kauf genommen werden. Die Ventilführung muß einen festen Sitz im Gehäuse haben, um die Wärme ableiten zu können, im Gehäuse ist das Kühlmittel gut an die Ventilführung heranzubringen. Bei Flugmotoren hat man schon das Kühlmittel unmittelbar an die Ventilführung herangebracht, indem man die Pfeifen im Zylinderkopf an dieser Stelle öffnete. Die Abdichtung der Ventilführung muß natürlich einwandfrei sein.

Das Spiel des Ventilschaftes in der Führung beträgt bei Kraftfahrzeugmotoren beim Einlaßventil etwa 3÷5/100 mm, beim Auslaßventil 5÷7/100 mm, größere Spiele ergeben erhöhten Ölverbrauch, schlechten Leerlauf und Geräusche, geringere bringen Hängenbleiben der Ventile. Zu berücksichtigen ist die Wärmedehnung der Ventilführung, sofern diese eine andere Wärmeausdehnung hat als das Gehäuse.

Die Ventilführung muß auch den Ventilraum gegen die Ein- und Auslaßkanäle abdichten, einmal des Ölverbrauchs wegen, dann wegen der Ölrückstände und schließlich zur Vermeidung von Rauch. Dieser Aufgabe wird sie nicht gerecht, wenn der Ventilraum viel Öl enthält, man hilft sich durch Abdichtung oder Abschirmung (s. Abb. 76); bei hochtourigen Motoren mit obenliegender Nockenwelle und entsprechendem Ölanfall ist besondere Sorgfalt notwendig.

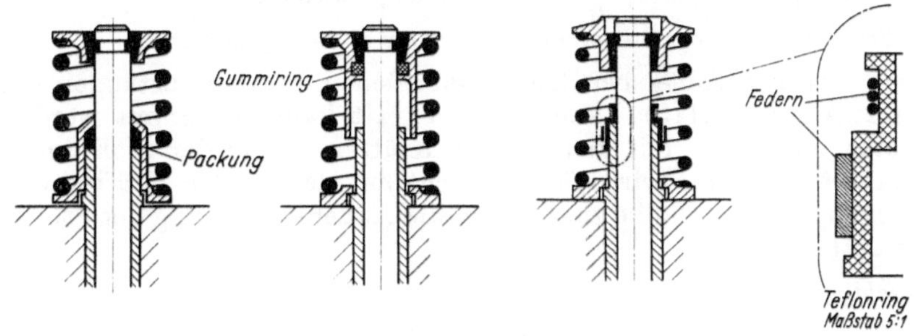

a) Abdichtung durch Packung   b) Abdichtung durch Schutzhülse   c) Abdichtung durch Teflonring

Abb. 76a—c. Abdichtung des Ventils

2.353 Ventilsitz. Zur Erhöhung der Haltbarkeit des Ventilsitzes verwendet man bei Graugußgehäusen am Auslaßventil von Ottomotoren gerne Sitzringe aus Spezialguß mit besonders hohem Verschleißwiderstand (s. Abb. 77a). Die Ringe haben eine Wandstärke von mindestens $0{,}08 \div 0{,}1d$ und werden mit einer Überdeckung von etwa $0{,}003D$ eingepreßt. In der Fertigung werden die Ringe manchmal unterkühlt, so daß sie sich leicht einbauen lassen. Sie sollten möglichst eine Höhe von etwa $0{,}25d$ haben, weil bei zu geringer Höhe die Wärmeableitung leidet. Bei Dieselmotoren kommt man der geringeren Abgastemperaturen wegen oft ohne Sitzringe aus, nur im Reparaturfall werden sie dann benötigt.

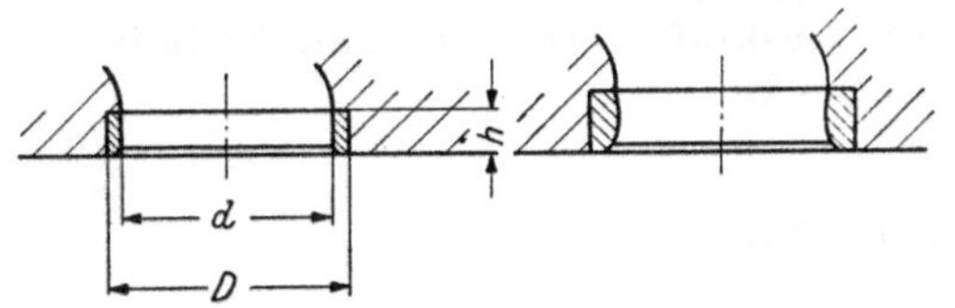

a) Ventilsitz aus Sonderguß für Graugußgehäuse   b) Ventilsitz aus Sonderbronze für Leichtmetallgehäuse

Abb. 77 a u. b. Ventilsitzringe

Ist das Gehäuse, in dem sich der Ventilsitz befindet, aus Leichtmetall, dann muß auf alle Fälle ein Sitzring vorgesehen werden. Zweckmäßigerweise verwendet man einen Werkstoff, der dem Leichtmetall in der Wärmedehnung nahekommt; besondere Ventilsitzbronzen sind im Handel erhältlich, die sich gut bewährt haben. Die Ringe dürfen in der Wandstärke nicht zu knapp bemessen werden; $0{,}1d$ ist mindestens zu empfehlen (s. Abb. 77b), ihre Befestigung kann wiederum durch Schrumpfen erfolgen, wobei die Überdeckung bei der größeren Wandstärke etwas höher als bei den Ringen im Graugußgehäuse gewählt werden kann, nach dem Einschrumpfen empfiehlt sich ein Verstemmen des Gehäuserandes. Diese Befestigung ist sehr einfach und hat sich gut bewährt. Bei größeren Durchmessern, vor allem bei luftgekühlten Motoren werden die Ringe vielfach unter Schrumpfspannung eingeschraubt (s. a. Abb. 26).

Die Breite der Dichtfläche des Ventilsitzes soll nicht zu groß sein, schmale Flächen dichten besser. Im Neuzustand kann man von etwa 1,5 mm ausgehen, im Betrieb und durch Nachschleifen wird der Sitz bald breiter.

2.36 Nockenwelle und Übertragungselemente

An der Nockenwelle und den Übertragungselementen sind folgende Kräfte wirksam:

1. Stoßkraft:

$$S_N = v_N \sqrt{m_N c_N} \quad \text{(s. auch Abschn. 2.111),} \qquad (76)$$

v_N = Geschwindigkeit am Nocken nach Überwindung des Spiels,

m_N = auf den Nocken bezogene bewegte Massen

$$= m_1 + m_2 + \left(\frac{l_2}{l_1}\right)^2 m_3 + \frac{J_a}{l_1^2} \quad \text{[s. Formel (65), Abschn. 2.32],}$$

c_N = Federkonstante des Steuerungssystems, am Nocken gemessen.

Da sich das Ventilspiel bei den verschiedenen Betriebszuständen erheblich ändert (s. a. Abschn. 2.113), kann die Stoßkraft kaum bestimmt werden, man rechnet daher meist nur mit den übrigen Kräften. Wenn der Stoß durch einen Vornocken aufgenommen wird, fällt er nicht mit den großen Kräften durch die Beschleunigung an der Flanke zusammen, die Außerachtlassung der Stoßkraft ist daher vertretbar.

2. Beschleunigungskraft:

$$B_N = m_N b_N, \qquad (77)$$

b_N = Beschleunigung am Nocken, aus dem Beschleunigungsdiagramm zu entnehmen (s. Abschn. 2.31).

3. Federkraft:

Die Federkraft P_F ergibt sich aus dem Federdiagramm (s. Abschn. 2.32); sie wirkt am Nocken mit:

$$P_{FN} = \frac{l_2}{l_1} P_F. \qquad (78)$$

4. Gaskraft:

Die Gaskraft G ist nur beim Auslaßventil am Öffnungsbeginn zu berücksichtigen. Sie ist:

$$G = \frac{\pi D_V^2}{4} p_A,$$

d. h. am Nocken:

$$G_N = \frac{l_2}{l_1} G, \qquad (79)$$

D_V = größter Ventildurchmesser,

p_A = Druck im Zylinder beim Öffnungsbeginn, je nach den Steuerzeiten zwischen 4 und 8 at.

Die Beanspruchungen der einzelnen Bauteile sind nach den üblichen Formeln der Festigkeitsrechnung zu ermitteln, je nach der untersuchten Stelle sind die wirksamen Massen und Kräfte einzusetzen. Von besonderem Interesse ist die Flächenpressung am Nocken bzw. Stößel, Ballen oder an der Rolle. Die Schubbeanspruchung an der Berührungsstelle errechnet sich aus der Formel von HERTZ zu:

$$\tau = 0,125 \sqrt{\frac{2P \cdot E_1 \cdot E_2}{(E_1 + E_2)b}\left(\frac{1}{r_1} + \frac{1}{r_2}\right)}. \qquad (80)$$

Darin ist:

P = Summe der an der untersuchten Stelle wirksamen Kräfte,

E_1 = Elastizitätsmodul des Nockenwerkstoffes,

E_2 = Elastizitätsmodul des Gegenkörperwerkstoffes,

b = tragende Breite,

r_1 = Krümmungsradius des Nockens an der untersuchten Stelle,

r_2 = Krümmungsradius des Gegenkörpers.

Die höchsten Flächenpressungen an der Flanke werden bei n_{max} erreicht, und zwar beim Einlaßventil für die größte Flankenbeschleunigung, beim Auslaßventil für die Beschleunigung an der Flanke, an der noch der Gasdruck wirksam ist. Die höchsten Werte an der Spitze ergeben sich für maximalen Hub bei Leerlauf. Bei bewährten Konstruktionen erreichte Werte für τ_{max} sind in der Zahlentafel 4 enthalten.

Die notwendige Ballenlänge des Stößels oder Schwinghebels wird am besten zeichnerisch bestimmt, indem die weitesten Nockenberührungspunkte gesucht werden. Bei gerade geführtem Stößel sind diese an oder dicht vor dem Übergang von der Flanke zur Spitze; der Durchmesser des flachen, geradegeführten Stößels muß mindestens $2 \cdot (\varrho - R) \cdot \sin \Theta_{Fmax} = \dfrac{2\,v_{max}}{\omega}$ sein.

Zahlentafel 4. *Werte bewährter Ventilsteuerungen*

			Stehende Ventile (ähnlich Abb. 16)	Schräg hängende Ventile mit Stoßstangen (ähnlich Abb. 21)	Obenliegende Nockenwelle mit Schwinghebel (ähnlich Abb. 25)	Rennmotor mit obenliegender Nockenwelle und 4 Ventilen (ähnlich Abb. 27)
Lichter Ventildurch-	[mm]	E	31	44	44	24
messer		A	29	36	36	24
Winkel Θ, Φ		E	60,3°	66°	65,5°	71,5°
		A	60,3°	66°	66,5°	63,5°
Max. Ventilhub	[mm]	E	8,3	7,6	9,7	7,4
		A	8,3	7,4	9,4	6,4
Bewegte Massen auf	[p]	E	250	350	245	170
Ventil bezogen		A	250	480	235	170
Max. Nockenwellen-	[U/min]		2100	2500	3000	4500
drehzahl						
Max. Ventilbeschleuni-	[m/s²]	E	3800	1700	5100	15000
gung an der Flanke		A	3800	2200	4900	17000
Max. Ventilverzöge-	[m/s²]	E	1000	1300	2500	3700
rung an der Spitze		A	1000	1100	2300	3700
Max. Flächenpressung	[kp/cm²]	E	550	1200	1350	1500
an der Nockenflanke		A	600	1000	1300	1700
Max. Flächenpressung	[kp/cm²]	E	1700	1700	1400	1800
an der Nockenspitze		A	1700	1700	1400	1800
Vorspannung der	[kp]	E	17	41	42	31
Ventilfedern		A	17	41	42	31
Max. Federkraft	[kp]	E	38	66	83	92
		A	38	66	81	84
Federkonstante der	[kp/mm]	E	5000	250	2500	2000
Ventilsteuerung am		A	5000	300	3500	1400
Ventil gemessen						

Da die Teile während der Belastung mit großer Geschwindigkeit aufeinander gleiten, müssen gut miteinander laufende Werkstoffe vorgesehen werden. Die Paarung: gehärteter Stahl — weiß erstarrter Grauguß ist besonders geeignet. Bei Verwendung eines Stößels wird dieser zweckmäßigerweise aus Grauguß hergestellt, die Nockenwelle aus Stahl wird einsatz oder brenngehärtet (s. Abb. 78a), gerne versetzt man die Stößelmitte etwas zum Nocken, man erreicht damit eine Drehung des Stößels und vermindert die Abnützung. Wird ein Schwing- oder Kipphebel, der meist aus Stahl bestehen muß, in direktem Kraftschluß mit der Nockenwelle vorgesehen, dann kann die Nockenwelle aus Grauguß gefertigt werden (s. Abb. 78b). Durch Anlegen von Kokillen bestimmter Größe, die beim Gießen für rasche Abkühlung sorgen, kann die harte Zone eng begrenzt und die Einstrahltiefe beherrscht werden. Eine Hartverchromung der Hebellauffläche bringt eine weitere Verbesserung der Laufeigenschaften. Für besonders hohe Beanspruchung, wie sie bei Rennmotoren auftritt, kann in den Schwinghebel ein Widiaplättchen eingesetzt werden, die Laufeigenschaften zur einsatzgehärteten Stahlnockenwelle sind hervorragend (s. a. Abschn. 2.25).

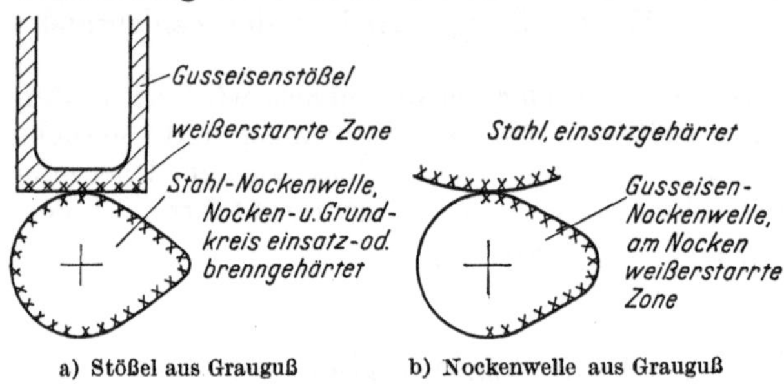

a) Stößel aus Grauguß   b) Nockenwelle aus Grauguß

Abb. 78 a u. b. Werkstoffpaarungen am Nocken

Natürlich ist der Schmierung große Sorgfalt zuzuwenden; wenn nicht genügend Spritzöl vorhanden ist, führt man entweder durch die hohle Nockenwelle Öl an die Nockenlauffläche, oder man spritzt Öl vom Schwinghebel oder aus einer festen Leitung auf die Berührungsfläche.

Besondere Sorgfalt ist bei der Gestaltung von Kipphebeln notwendig, vor allem die Lagerung muß sehr steif sein, weil an ihr die Summe von Ventil- und Nockenkräften wirkt und sich eine Nachgiebigkeit entsprechend der Hebelübersetzung am Ventil etwa verdoppelt. Um weder zu hohe Flächenpressungen an der Flanke noch an der Spitze des Nockens zu bekommen, empfiehlt es sich, die Übersetzung des Kipphebels zwischen 1 und 1,3 zu wählen [48]. Schräge oder abgekröpfte Hebel sind zu vermeiden, sie haben größere Nachgiebigkeit und stellen sich zudem im Lager schief. Massen in der Nähe des Drehpunktes sind natürlich weit weniger schädlich als an den Hebelenden. Eine Ventilspieleinstellung im Drehpunkt des Kipphebels (s. z. B. Abb. 18) vermindert die Massen an den Hebelenden, schwächt jedoch den Kipphebel durch die Aussparung, so daß er sich durchziehen kann. Bei der Ausführung der Abb. 28 wurde die Schwächung des Kipphebels vermieden, fraglich ist jedoch, ob die Brücke zur Aufnahme der Stellschrauben steif genug ausgebildet werden kann.

Bei Schwinghebeln treten nur niedere Lagerkräfte auf, sie sind um so geringer, je mehr sich die Hebelübersetzung dem Wert 1 nähert (s. a. Abb. 27), gleichzeitig wird die Steifigkeit höher.

Das Drehmoment der Nockenwelle ist sehr ungleichförmig, da sich die Kräfte und die wirksamen Hebelarme am Nocken beständig ändern. Je größer der Radius des Übertragungselementes ist, desto kleiner werden die Drehmomente (s. a. Abschn. 2.31). Der ruckfreie Nocken zeigt auch hier Vorteile (s. Abb. 51), die Sprünge entfallen, und die Maximalwerte sind kleiner.

Die Lagerung der Nockenwelle erfolgt häufig in Elektronbüchsen oder unmittelbar im Leichtmetall der Tragkörper. Zur Schmierung der Schwinghebellager genügt Spritzöl, während die Kipphebellager meist durch Drucköl geschmiert werden müssen.

2.4 Nockenwellenantrieb

Der Nockenwellenantrieb kann für die Bauart der Ventilsteuerung bestimmend sein, weil er die Kosten, das Geräusch und die Betriebssicherheit des Motors stark beeinflußt.

2.41 Stirnradantrieb

Bei untenliegender Nockenwelle werden vielfach schrägverzahnte Stirnräder verwendet. Sofern an die Geräuscharmut hohe Anforderungen gestellt werden, wird das Nockenwellenrad aus Preßstoff (Novotex, Resitex u. ä.) gefertigt. Dieser Antrieb gestattet jedoch nur eine sehr beschränkte Leistungsübertragung, bzw. man erreicht bei dem sehr ungleichförmigen Drehmoment der Nockenwelle nur kurze Betriebszeiten.

Bei Rennmotoren erfolgt der Nockenwellenantrieb der geringen Baulänge wegen häufig über schmale Stahlräder, der große Abstand von der Kurbelwelle zu den obenliegenden Nockenwellen verlangt dabei viele Zwischenräder, das beträchtliche Geräusch spielt hier keine Rolle.

2.42 Kegel-, Schnecken- und Schraubenradantrieb

Eine obenliegende Nockenwelle kann durch eine Vertikalwelle, die an der Kurbelwelle und der Nockenwelle je ein Kegel-, Schnecken- oder Schraubenradpaar aufweist, angetrieben werden (s. Abb. 79). Diese Lösung ist sehr teuer, die Ausführung mit Kegeltrieben findet fast nur bei Renn- und Flugmotoren Anwendung. Bei hohen Ansprüchen an geringes Geräusch muß eine Feineinstellung der Zahnspiele vorgesehen werden, deren Bedienung geschultes Personal voraussetzt. Schnecken- und Schraubenräder haben einen schlechten Wirkungsgrad und daher hohe Abnützung, sie werden heute kaum mehr angewandt.

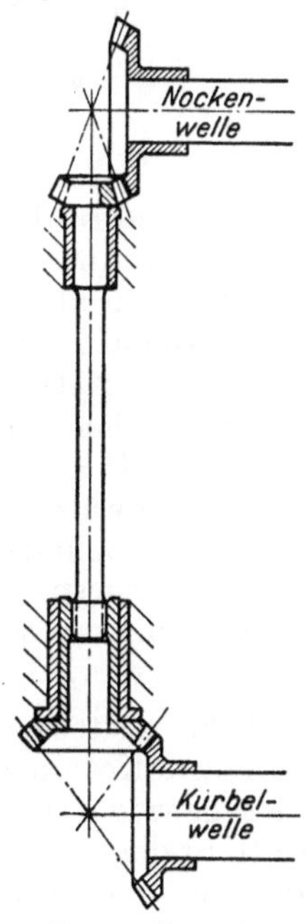

Abb. 79. Kegeltrieb

2.43 Kettentrieb

In zunehmendem Maße findet die Kette zum Antrieb der Nockenwelle Verwendung. Mit ihr können auf sehr einfache Weise große Wellenabstände überbrückt werden, auch mehrere Wellen können durch eine Kette angetrieben werden. Bei Verwendung eines Kettenspanners kommt es auf die Genauigkeit der Achsabstände nicht an, dies ist vor allem dann sehr wertvoll, wenn sich die Wellen in verschiedenen Gehäusen befinden, die durch nachgiebige Dichtungen verbunden sind. Man kann wohl behaupten, daß die obenliegende Nockenwelle bei Serienautomobilmotoren erst durch den Kettenantrieb vertretbar geworden ist. Die Kette kann nahezu geräuschlos hohe Leistungen übertragen; ihre Lebensdauer ist ein Vielfaches derjenigen von Preßstoffrädern (s. Abschn. 2.41), Voraussetzung ist jedoch, daß für stets richtige Kettenspannung gesorgt wird und Kettenschwingungen vermieden werden.

2.431 Kettenarten. Für den Nockenwellenantrieb kommen Zahnketten, Hülsenketten und Rollenketten in Frage (s. Abb. 80). Die Zahnkette findet bei amerikanischen Motoren mit untenliegender Nockenwelle häufig Verwendung, sie wird jedoch immer mehr von der leichteren und billigeren Rollenkette verdrängt. Die Hülsenkette hat gegenüber der Rollenkette eine höhere Bruch- und Verschleißfestigkeit, weil Zapfen und Hülsen kräftiger sein können; da jedoch die Rollen der Rollenkette ruhiger auf die Kettenräder auflaufen, wird diese meist bevorzugt.

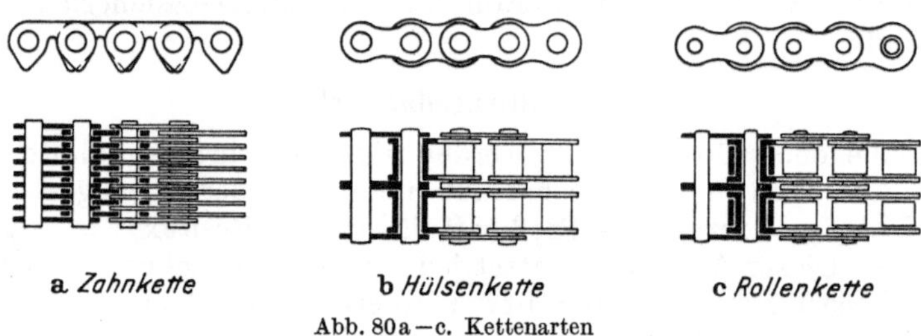

Abb. 80a—c. Kettenarten

Bei Motorrad- und zunehmend bei Wagenmotoren findet die 3/8″-Einfachrollenkette Anwendung (s. Abb. 22), bei Wagenmotoren war bisher meist nur die 3/8″-Duplexrollenkette üblich. Zähnezahlen unter 18 werden vermieden, weil der Kettenablauf zu ungleichförmig wird und Geräusch verursachen kann. Als Werkstoff für die Kettenräder kommt ungehärteter Stahl oder auch Gußeisen in Frage, in Sonderfällen hat sich sogar Leichtmetall bewährt. Das genormte Zahnprofil nach DIN 73233 zeigt gute Laufeigenschaften, die Verzahnung kann gestoßen oder im Abwälzverfahren hergestellt werden. In den meisten Fällen genügt das Spritzöl im Gehäuse zur Schmierung, als zusätzliche Maßnahme kann durch Düsen dort Öl eingespritzt werden, wo die Kette auf das Kettenrad aufläuft. Eine Schmierung von außen ist nicht wirksam, weil das Öl durch die Fliehkräfte abgeschleudert wird.

2.432 Kettenspannung. Nur bei kurzen Kettentrieben wird aus Preisgründen auf einen Kettenspanner verzichtet. Hierbei läuft man natürlich Gefahr, nach einer gewissen Laufstrecke die verlangte Geräuscharmut einzubüßen. Da die Kette in der ersten Zeit einen größeren Verschleiß zeigt und sich dann nur noch langsam längt, werden eingelaufene Ketten eingebaut, zum Ausgleich der bei der Gehäuseherstellung unvermeidlichen Achsabstandstoleranzen werden Ketten mit geringfügig unterschiedlicher Teilung angefertigt und je nach dem Ausfall des Achsabstandes ausgewählt.

Auch nach langer Betriebszeit bleibt der Kettentrieb geräuscharm, wenn ein Kettenspanner verwendet wird. Der Aufwand ist bei kurzen Ketten nicht groß, zumal hierdurch die Herstellung und Lagerhaltung der unterschiedlichen Ketten entfällt. Abb. 81 zeigt ein an die Kette angedrücktes Stahlband, das an einem Ende fest, am anderen an einer Schwinge gelagert ist und durch eine Feder gespannt wird. Damit die Kettenlaschen das Stahlband nicht durchschleifen, sind die Laschen an den Seiten gerade und geschliffen. Man kann auch das Stahlband durch eine gehärtete Stahlschiene ersetzen, diese Lösung ist jedoch erheblich teurer und schwerer. Sehr gut hat sich der Kettenspanner nach Abb. 82 (Daimler-Benz) bewährt, hier ist ein ölbeständiges Gummiprofil auf das Stahlband aufvulkanisiert. Das Profil ist so gestaltet, daß nur die Rollen berühren können, der Verschleiß ist sehr gering, weil die Rollen auf dem Gummi abrollen.

Bei langen Ketten wird zur Kettenspannung meist ein Spannrad im unbelasteten Kettenstrang verwendet, das nach Möglichkeit so angeordnet wird, daß sich eine gute Kettenradumschlingung ergibt. Die Einstellung des Spannrades kann von Hand erfolgen, dies setzt jedoch geschultes Personal voraus. Auch eine Andrückung des Spannrades durch eine Feder ist möglich, jedoch sind verhältnismäßig hohe Federkräfte notwendig, weil sich sonst bei Kettenschwingungen untragbar große Ausschläge ergeben. Zu hohe Kettenspannung hat Heulen der Kette zur Folge, was dadurch zu erklären ist, daß eine Ölfilmbildung zwischen den Hülsen und Bolzen nicht mehr möglich ist.

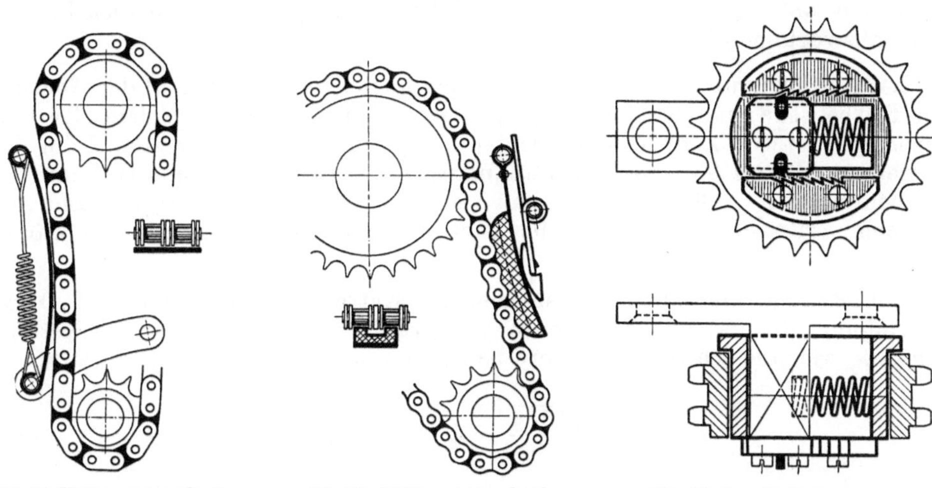

Abb. 81. Kettenspanner durch angedrücktes Stahlband

Abb. 82. Kettenspanner durch angedrücktes Gummiprofil

Abb. 83. Renold-Kettenspanner

Ein automatischer Kettenspanner, der die Kette mit geringer Federkraft spannt, jedoch nicht mehr zurückgeht, wurde von der englischen Kettenfirma Renold entwickelt (s. Abb. 83). Das Spannrad läuft auf einem Körper, der verschiebbar ist und durch eine Feder in einer Richtung — in der Abbildung nach rechts — gedrückt wird. Oben und unten sind Zähne angebracht, in die Stifte einrasten, so daß das herausgedrückte Spannrad nicht mehr zurück kann. Die oberen und unteren Zähne sind um eine halbe Zahnteilung zueinander versetzt, der Weg bis zur Rastung wird hierdurch halbiert; durch einen äußeren Eingriff kann die Rastung wieder aufgehoben werden. Als Nachteil dieses Kettenspanners ist anzusehen, daß er, einmal eingerastet,

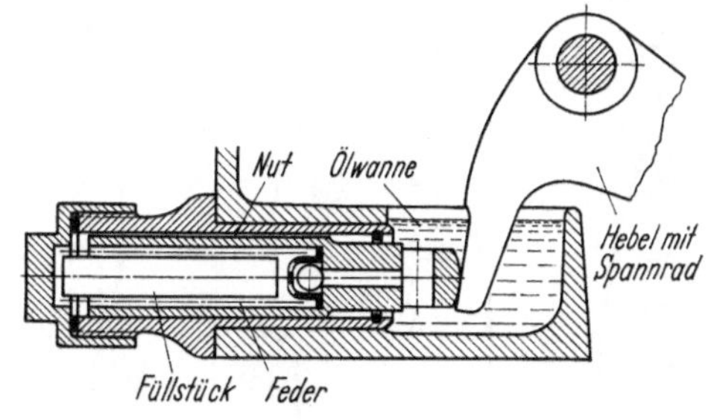

Abb. 84. Hydraulischer Kettenspanner

nicht mehr zurückgehen kann. Wenn die Kette bei einem gewissen Betriebszustand des Motors, z. B. bei kaltem Motor, lose ist, rastet der Spanner ein, und die Kette ist dann bei geänderten Betriebsbedingungen möglicherweise zu stramm.

Diese Nachteile vermeidet Daimler-Benz durch einen hydraulischen Kettenspanner. Bei diesem wird das Zurückgehen des Spannrades auf hydraulische Weise, d. h. in gewissen Grenzen nachgiebig, verhindert (s. Abb. 84). Das Prinzip des Spanners entspricht dem der hydraulischen Ventilstößel (s. a. Abschn. 2.26); durch eine Feder wird ein Bolzen gegen den Hebel des Spannrades gedrückt, im Innern des Spanners befindliches, durch ein Kugelventil gesperrtes Öl verhindert ein schnelles Zurückgehen des Bolzens. Eine Nut oben im Gehäuse bewirkt eine gewisse, beeinflußbare Nachgiebigkeit, auch kann durch sie eingeschlossene Luft entweichen. Die Ölergänzung erfolgt aus einer durch eine Rippe gebildeten Wanne, in der sich Schleuderöl ansammelt, lediglich bei der Erstmontage muß sie gefüllt werden. Das Entlüften des Spanners geschieht auf einfache Weise durch Zusammendrücken bei gefüllter Wanne. Die Auslegung von Feder und Nut ist so zu treffen, daß die Kette gerade nicht mehr heult, der Spanner jedoch bei den Kettenbewegungen im Betrieb hart ist.

2.433 Schwingungsdämpfung. Durch den ungleichförmigen Lauf der Nocken- und Kurbelwelle entstehen Schwingungen der freien Kettenstränge. Jedes Kettenstück vom letzten Zahn des treibenden Kettenrades bis zum ersten Zahn des getriebenen Rades hat eine Eigenfrequenz, die in Resonanz kommen kann. Es ergeben sich bei großem Achsabstand weite Ausschläge, die Geräusch und Abnutzung verursachen und auch die Zuordnung der Wellen zueinander stören können.

Abb. 85 zeigt die Schwingungsformen der Kette als Grund- und als 1. Oberschwingung. Man kann die Eigenschwingungszahl des schwingungsfähigen Kettenstücks n_e wie eine schwingende Saite berechnen nach der Formel (s. a. [25]):

$$n_e = \lambda \frac{60}{2L} \sqrt{\frac{P \cdot g}{G'}} = \lambda \frac{940}{L} \sqrt{\frac{P}{G'}} \quad [1/\text{min}], \tag{81}$$

$\lambda = 1., 2., \ldots$ Ordnung,
$L =$ freie Kettenlänge in cm (s. a. Abb. 85),
$P =$ Kettenspannung in kp,
$G' =$ Gewicht je cm Kettenlänge,
$g = 981$ cm/s^2.

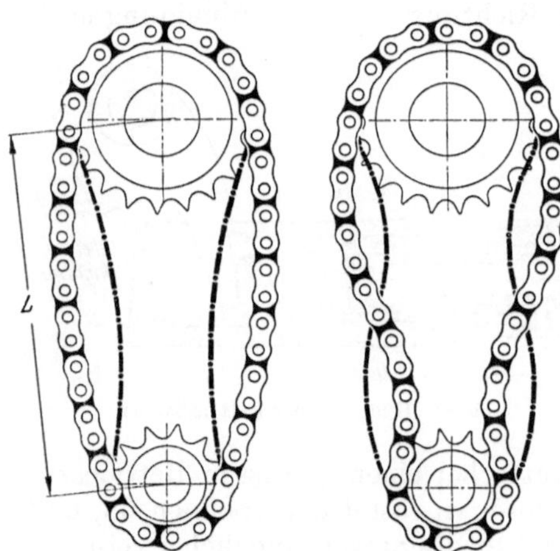

Abb. 85. Schwingungsformen der Kette

In Anbetracht der mit höherer Drehzahl geringeren Ungleichförmigkeit von Kurbelwelle und Nockenwelle und somit abnehmender Erregung sind nur die niederen Ordnungen von Bedeutung; hier kann die Vernachlässigung der Fliehkräfte auf die Kettenvorspannung vertreten werden.

Wie man aus der Formel ersieht, wirken sich die Kettenspannung und das Gewicht nur mit dem Wurzelwert aus. Um Heulen der Kette zu vermeiden, kann die Kettenspannung nicht beliebig erhöht werden, mit zunehmender Drehzahl steigt sie von selbst an, weil die Fliehkräfte die Kette aus den Kettenradzähnen herauszuheben suchen. Um die Fliehkräfte und auch G' kleinzuhalten, empfiehlt es sich, kleine Kettendimensionen zu verwenden und Überbemessung zu vermeiden. Zahnketten sind wegen ihres höheren Gewichts im Nachteil.

Zur Dämpfung der Kettenschwingungen genügen bei kurzen Ketten die in Abschn. 2.432 beschriebenen Kettenspanner. Bei langen Ketten verwendet man Schienen, die in kleinem Abstand von der Kette angeordnet werden; sie verhindern die Kettenausschläge und teilen die Schwinglängen auf (s. Abb. 86). Besser als die mit den Kettenlaschen in Berührung kommenden Schienen der linken Abbildung ist die Ausführung rechts mit aufvulkanisiertem Gummiprofil, bei der nur die Rollen anlaufen können. Diese Bauart hat sich bei Daimler-Benz-Motoren sehr gut bewährt, ein Verschleiß ist auch nach sehr langer Laufzeit kaum festzustellen.

Es hat sich gezeigt, daß die Kettenschienen nicht zu kurz sein dürfen, weil die verbleibenden Kettenstücke gerne wieder für sich schwingen.

2.434 Ausgeführte Konstruktionen. Aus der großen Zahl von Kettentrieben mögen einige charakteristische Ausführungen herausgegriffen und beschrieben werden.

Abb. 87 zeigt schematisch den Zahnkettentrieb des Lancia-,,Appia''-PKW-Motors.

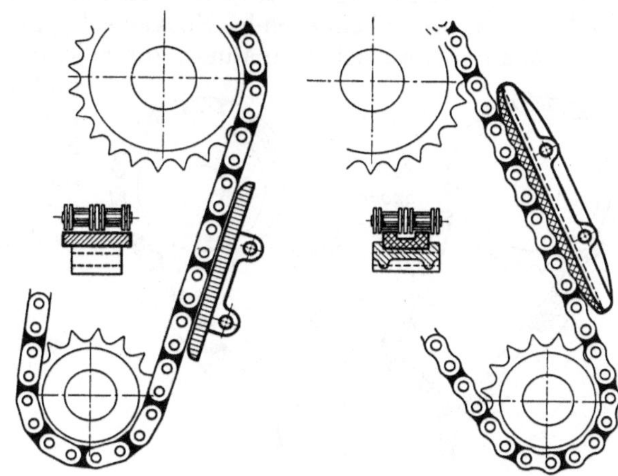

Abb. 86. Schwingungsdämpfer

Dieser Motor hatte zwei Nockenwellen, die so dicht an der Kurbelwelle liegen, daß die nötigen Zähnezahlen für eine Rollenkette nicht unterzubringen waren und sich überdies am Kurbelwellenrad unzureichende Kettenumschlingung ergab. Es wurde daher eine Zahnkette gewählt, die nach innen und nach außen Zähne besaß; im Hinblick auf die gute Umschlingung an den Nockenwellenrädern sind nur wenig Innenzähne vorgesehen, die großen Räder sind schmaler als die kleinen. Zur Kettenspannung diente ein Spannrad, das durch eine Feder, möglicherweise auch den Motoröldruck angedrückt wird.

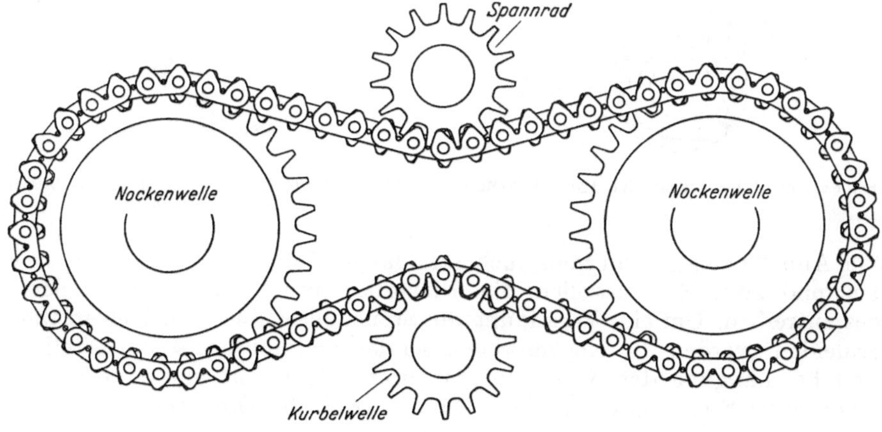

Abb. 87. Kettentrieb des Lancia-,,Appia''-PKW-Motors (schematisch)

In Abb. 88 ist der Rollenkettentrieb des Jaguar-,,XK 120"-PKW-Motors, der zwei obenliegende Nockenwellen besitzt, dargestellt. Es sind zwei Ketten vorgesehen, die untere wird durch ein Stahlband, die obere durch einen Renoldspanner gespannt. An allen schwingfähigen Kettenstücken befinden sich in geringem Abstand Preßstoffschienen, an denen die geraden Kettenlaschen beim Auftreten von Schwingungen anlaufen.

Sehr einfach ist der Kettentrieb des Daimler-Benz-,,220"-PKW-Motors, den Abb. 89 zeigt. Eine lange Kette treibt über einen Zwischentrieb für Ölpumpe und Zündverteiler die obenliegende Nockenwelle an. Die Kettenspannung erfolgt durch einen hydraulischen Spanner, zur Schwingungsdämpfung sind zwei lange und eine kurze Schiene mit aufvulkanisiertem Gummiprofil vorgesehen. Die Schwingrichtung des Spannrades liegt dabei so, daß der Abstand der Kette von der Gleitschiene praktisch unverändert bleibt.

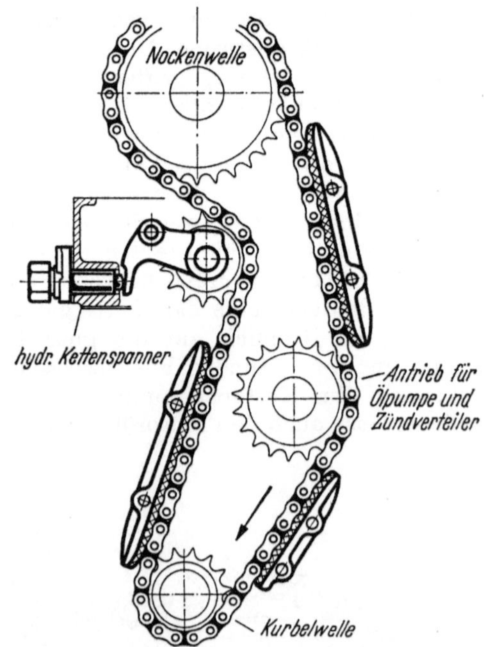

Abb. 88. Kettentrieb des Jaguar-,,XK 120"-PKW-Motors   Abb. 89. Kettentrieb des Daimler-Benz-,,220"-PKW-Motors (schematisch)

Wie Abb. 90 zeigt, kann man auch sehr lange Ketten — etwa 2,2 m — verwenden und zwei Nockenwellen, die Einspritzpumpe, den Zündverteiler und anderes antreiben. Um eine Verändung der Steuerzeiten durch die Kettenlängung zu vermeiden, werden die Nockenwellen bei der Erstmontage so eingestellt, daß sich erst bei Längung der Kette, die am Anfang stärker ist und dann nachläßt, die gewünschten Steuerzeiten ergeben. Zum Antrieb der Ölpumpe ist eine gesonderte Einfachkette mit Spanner vorgesehen.

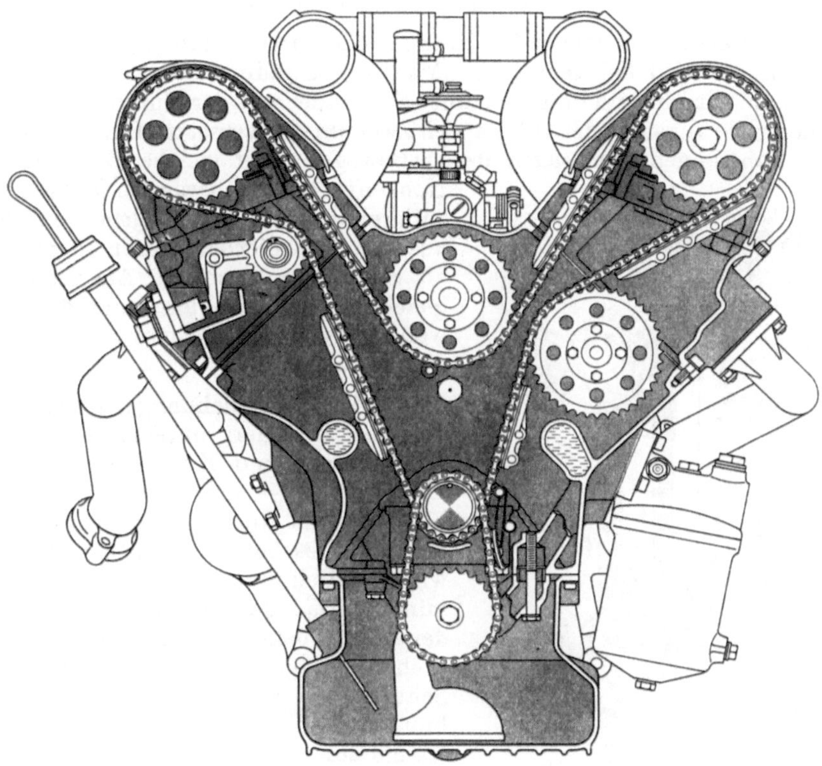

Abb. 90. Kettentrieb des Daimler-Benz-„600“-Motors

2.44 Antrieb durch Zahnriemen

In neuester Zeit wird zum Antrieb der obenliegenden Nockenwelle auch ein Zahnriemen — Kunststoff mit Stahldrahteinlage — verwendet (s. Abb. 91), der recht gute Laufzeiten erreicht und auch ausreichend ruhig läuft. Man kann auf einen Spanner verzichten, weil der Riemen eine gewisse Vorspannung gestattet und sich nicht längt; er muß jedoch außerhalb des Ölraumes laufen, da er auf die Dauer hohe Öltemperaturen nicht verträgt. Dies hat zur Folge, daß jede Welle des Triebs beim Austritt aus dem Gehäuse abgedichtet werden muß, zweifellos ein erheblicher Nachteil, wenn mehrere Wellen angetrieben werden sollen. Eine Kapselung des Riementriebs hat sich als notwendig erwiesen.

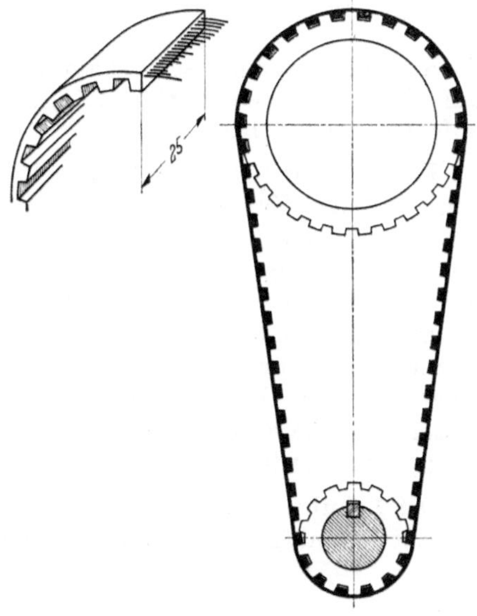

Abb. 91. Zahnriementrieb

2.45 Schubstangenantrieb

Ein Antrieb der obenliegenden Nockenwelle durch Schubstangen ist in Abb. 92 dargestellt, er wird bei dem NSU-„Max"-Motorradmotor angewandt. Von der Kurbelwelle wird über schrägverzahnte Stirnräder mit der Untersetzung 1:2 eine Zwischenwelle angetrieben, auf der sich zwei um 90° versetzte Exzenter befinden. Zwei Schubstangen übertragen deren Bewegung auf gleiche Exzenter an der Nockenwelle. Die bewegten Massen sind als rotierende Massen durch Gegengewichte voll ausgeglichen, hierbei wirken sie gleichzeitig als Schwungmassen zum Ausgleich des ungleichförmigen Drehmoments der Nockenwelle. Der Schubstangenhub beträgt etwa 26 mm.

Da die Wärmedehnung der Schubstangen und des Zylinders unterschiedlich sind — Zylinderkopf und Kurbelgehäuse sind aus Leichtmetall — muß zur Vermeidung von Klemmen im Nockenwellenantrieb ein Ausgleich vorgesehen werden. Beim NSU-Motor wird der Dehnungsunterschied dadurch vermindert, daß das Nockenwellengehäuse mit den Kipphebeln quer zur Nockenwellenachse drehbar aufgehängt und durch eine feste Schubstange mit dem Kurbelgehäuse verbunden ist. Da der Abstand dieser Schubstange zur Drehachse des Nockenwellengehäuses etwa 4mal so groß ist wie ihr Abstand zur äußeren Schubstange, ist der Dehnungsunterschied nur noch ein Viertel desjenigen an der Drehachse. Die Nockenwelle ist somit nicht immer parallel zur Kurbelwelle; da die Schubstangen sehr schmal sind, vertragen diese die Schrägstellung, die auf ein Viertel reduzierten Längenunterschiede müssen durch die Lagerspiele aufgenommen werden.

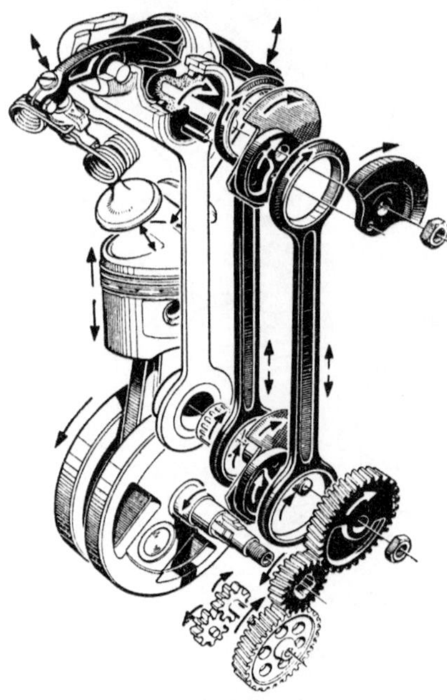

Abb. 92. Schubstangenantrieb des NSU-„Max"-Motorradmotors [39]

Ein kinematisch völlig einwandfreier Ausgleich könnte dadurch erreicht werden, daß die Zwischenwelle im Kurbelgehäuse nicht fest, sondern an einer Schwinge gelagert wird, deren Drehachse mit der Kurbelwellenachse zusammenfällt. Die Nockenwelle muß dann starr im Zylinderkopf gelagert sein, die innere Schubstange bestimmt die Lage der Schwinge. Bei auftretenden Dehnungsunterschieden tritt eine geringfügige Veränderung der Steuerzeiten ein, weil sich die Zahnräder zueinander etwas verdrehen. Die Kosten für die Schwinge dürften nicht höher als die drehbare Nockenwellenlagerung sein; vor allem bei Reihenmotoren ist diese Lösung zu empfehlen, weil der Ausgleich nicht im Zylinderkopf vorgesehen werden kann.

Der Schubstangenantrieb hat den Vorteil hoher Steifigkeit, er ist billiger als ein Antrieb mit Stirn- oder Kegelrädern, und vor allem läuft er nahezu geräuschlos.

3. Schiebersteuerung

3.1 Allgemeine Betrachtungen

Die Schiebersteuerung hat gegenüber der Ventilsteuerung zahlreiche Vorteile (s. a. Abschn. 1.2), seit den Anfängen des Verbrennungsmotorenbaues wurde daher immer wieder versucht, sie zu verwirklichen. Der einfachen Abdichtung wegen setzte sich jedoch das Hubventil durch, man entwickelte es trotz seiner schwerwiegenden Nachteile (s. Abschn. 2.1) zu einer erstaunlichen Betriebsreife. Nur sehr wenige schiebergesteuerte Motoren kamen in Serie, und diese hatten fast alle ungleichförmig bewegte Hülsenschieber, die mit einfachen Kolbenringen abgedichtet werden können. Mit den heutigen Erkenntnissen ist es sehr wohl möglich, auch Drehschieber einwandfrei abzudichten, das Hubventil ist jedoch so sehr gewohntes Bauelement, daß die für einen Schiebermotor erforderliche Entwicklungszeit nur selten aufgewendet wird, zumal man sich zunehmend dem Rotationskolbenmotor zuwendet.

Man muß unterscheiden zwischen ungleichförmig und gleichförmig bewegten Schiebern, die letzteren werden meist „Drehschieber" genannt. Weiterhin ist von Bedeutung, ob der Schieber den Verbrennungsraum abdichten muß, oder ob er außerhalb des Verbrennungsraumes die Frisch- oder Abgaskanäle steuert (s. Abb. 98). Hier genügt meist einfache Passung, während geringste Undichtigkeit am Verbrennungsraum in kürzester Zeit zu schweren Schädigungen führt. Das heiße Gas bläst mit großer Geschwindigkeit durch die undichte Stelle und gibt hier so viel Wärme ab, daß rasch ein wie mit dem Schweißbrenner gebranntes Loch entsteht; meist wird die undichte Stelle an der Motorleistung zunächst kaum bemerkt. Ein den Verbrennungsraum nur durch Passung abdichtender Schieber kann der Wärmedehnungen wegen nicht betriebssicher sein, weil die Dichtung nicht in jedem Betriebszustand einwandfrei ist. Die meisten der sehr zahlreichen Erfindungen von Schiebersteuerungen haben keine befriedigende Abdichtung und sind deshalb von vornherein zum Scheitern verurteilt.

Ein weiteres, jedoch weit einfacheres Problem der Schiebersteuerung ist die Schmierung. Zuviel Öl verursacht Ölkohlerückstände und muß auch aus Wirtschaftlichkeitsgründen abgelehnt werden. Die Ölzufuhr soll so beschaffen sein, daß jeweils nur die zur Schmierung und Abdichtung erforderliche Ölmenge gefördert und jede überschüssige Menge vermieden wird.

3.11 Abdichtung

Von WANKEL[1] wurden grundsätzliche Untersuchungen über die Abdichtung von bewegten und Verbrennungsgasen hohen Drucks ausgesetzten Maschinenteilen durchgeführt. Die hierbei gewonnenen wichtigsten Erkenntnisse sind folgende:

1. Ohne Öl zwischen der ruhenden und der bewegten Fläche ist eine Abdichtung nicht möglich. Die Drücke müßten sehr groß sein, die zur Bewegung erforderlichen Antriebskräfte sind dann nicht mehr tragbar.

2. Befindet sich Öl zwischen den Flächen, dann ist eine einwandfreie Abdichtung bei sehr geringer Antriebsleistung möglich, wenn der Druck im abzudichtenden Raum pulsiert; bei statischem Druck hält der Ölfilm nicht stand. Bei wechselndem Druck bringt die Reibung der Ölteilchen zueinander den notwen-

---

[1] FELIX WANKEL, Lindau/Bodensee (WVW, jetzt TES).

digen Widerstand, während die Teilchen bei gleichbleibendem Druck gegeneinander verschoben werden und der Ölfilm weggedrückt wird.

3. Die Andrückung der Flächen wird zweckmäßigerweise durch den Druck im abzudichtenden Raum selbst gesteuert.

4. Zur Abdichtung eignen sich schmale Dichtringe oder Leisten sehr gut, weil sie geringem Wärmeverzug unterliegen und sich auch anschmiegen können. Den Stoßstellen muß besondere Sorgfalt gewidmet werden, ein nicht abgedeckter Stoß ist unbrauchbar.

Die Arbeiten der DVL[1] brachten zusätzlich noch folgende grundsätzliche Erkenntnisse:

5. Eine mechanische Andrückung der Dichtelemente an den Schieber erübrigt sich meist. Wenn die Dichtelemente bei der Montage an den Schieber angelegt werden, haften sie durch das Öl so gut, daß sie nicht mehr abheben.

6. Die Spiele der Dichtelemente müssen verhältnismäßig groß sein, damit sie den Bewegungen des Schiebers gut folgen können.

7. Runde Dichtkörper haben den Vorteil, daß sie sich im Betrieb drehen können; dadurch läppen sie sich und die Schieberfläche ein, entstehende Ölkohle wird im Entstehungszustand zerrieben.

3.12 Schmierung

Nach den Erfahrungen der DVL ist die erforderliche Schmierölmenge für die Schiebersteuerung sehr gering, bei Flugmotoren wurde maximal 1 g/PSh benötigt. Das zugeführte Öl ist verloren und kann nicht mehr in das Motorölsystem zurückgeführt werden, die Schiebersteuerung muß gegen den übrigen Motor abgedichtet sein, weil sonst bei geschlossener Drosselklappe durch den Unterdruck im Zylinder Öl angesaugt wird. Die zugeführte Ölmenge muß der Motordrehzahl verhältig sein, die im Schiebergehäuse stark schwankenden Temperaturen und Drücke sollten sie möglichst nicht beeinflussen. Düsen und Verteilerbohrungen sind nicht zu gebrauchen, zumal ihre Förderung nicht klein genug bemessen werden kann.

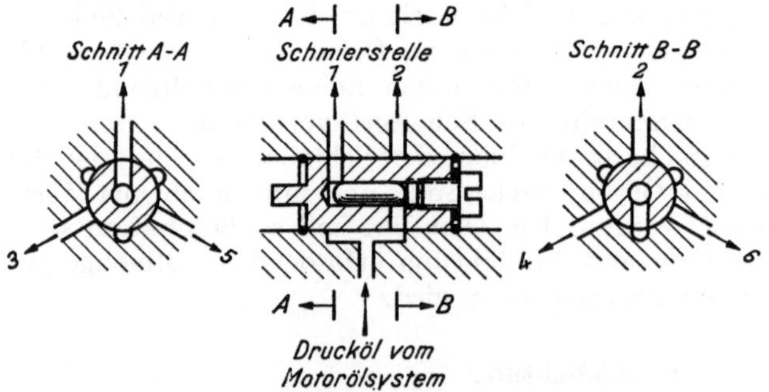

Abb. 93. Öldosiereinrichtung für 6 Schmierstellen

Sehr gut bewährte sich eine Dosiereinrichtung nach Abb. 93, die an das Motorölsystem angeschlossen wird. In einer rotierenden Welle befindet sich eine frei bewegliche Nadellagernadel; der Öldruck des Schmiersystems drückt je nach der Stellung der in der Welle befindlichen Querbohrungen die Nadel nach links oder rechts, wodurch das vor der Nadel befindliche Schmieröl zu der jeweiligen Schmierstelle gedrückt wird, gleichzeitig wird der Förderraum auf der anderen Nadelseite für den nächsten Hub gefüllt. Es können nicht nur zwei, sondern auch mehr Schmierstellen — z. B. sechs wie in Abb. 93 dargestellt — vorgesehen werden, jede Stelle bekommt die gleiche Ölmenge. Der Hub der Nadel beträgt nur wenige Zehntel Millimeter, er wird durch die Beilage unter der Begrenzungsschraube festgelegt.

---

[1] Deutsche Versuchsanstalt für Luftfahrt e. V., Berlin-Adlershof.

Diese Dosiereinrichtung ist nahezu druck- und temperaturunempfindlich, ein Überdruck von etwa 0,3 at genügt, um die volle Förderleistung zu erhalten. Ein durch Schmutzteilchen verursachtes Hängenbleiben der Nadel wurde nie beobachtet, offenbar weil das Schmieröl nicht durchfließt, sondern nur ein- und austritt. Noch bei 5000 Umdrehungen mit sechs Schmierstellen, das sind 30 000 Hübe je Minute, förderte die Dosiereinrichtung einwandfrei, erst dann ergaben sich Unregelmäßigkeiten, weil die Nadel nicht mehr folgte.

Sehr wichtig ist die Ölaustrittsstelle am Schieber, sie muß unmittelbar hinter der Einlaßöffnung liegen, um beste Schmierölausnutzung zu erzielen und um Ölkohlerückstände in der Steueröffnung zu vermeiden. Wenn möglich, wird das Öl so zugeführt, daß es durch die Fliehkräfte über die Schieberfläche verteilt wird.

3.2 Bauarten, Bestimmung der Steuerquerschnitte und Betrachtung ausgeführter Konstruktionen

Die Zahl der Vorschläge für Schiebersteuerungen ist außerordentlich groß, es ist unmöglich, alle Varianten aufzuzeigen. In den folgenden Abschnitten werden nur diejenigen Bauarten, die Serienreife erreichten, die naheliegenden grundsätzlichen Konstruktionen und weiterhin die Ausführungen, über die in der Literatur häufig berichtet wurde, behandelt. Sicherlich werden im Laufe der Zeit noch weitere Lösungen vorgeschlagen werden, die gegebenen Möglichkeiten sind keineswegs erschöpft. Es ist anzunehmen, daß eine geglückte Serienschiebersteuerung bald weitere nach sich ziehen würde.

3.21 Ungleichförmig bewegte Schieber

3.211 Zweitaktmotor. Zu den Schiebersteuerungen mit ungleichförmig bewegtem Schieber ist der Zweitaktmotor mit Schlitzsteuerung zu zählen. Der Kolben kann die Funktion des Schiebers übernehmen, weil sich der Steuervorgang bei jeder Kurbelumdrehung wiederholt. Die Abdichtung erfolgt durch die Kolbenringe des Kolbens, während der Verdichtung und Verbrennung sind die Schlitze abgedeckt. Um eine Beschädigung der Kolbenringe beim Überstreifen über die Schlitze zu vermeiden, müssen diese gegen Drehen gesichert sein, sie sind dadurch in erhöhtem Maße der Gefahr des Festsetzens durch Ölkohle ausgesetzt, zumal der den Auslaß steuernde Kolben hohe Temperaturen annimmt.

Bei Fahrzeugzweitaktmotoren erfolgt die Schmierung oft durch Ölbeimischung zum Kraftstoff, ein sehr einfaches, wenn auch nicht gerade wirtschaftliches Verfahren. Das überschüssige Öl bildet in den Auslaßschlitzen und im Schalldämpfer Rückstände, die von Zeit zu Zeit entfernt werden müssen. Bei Zweitaktmotoren mit Benzineinspritzung in den Zylinder wird das Öl feindosiert der Frischluft zugesetzt oder auch ins Kurbelgehäuse tropfenweise eingeführt, wodurch sich ähnliche Verhältnisse ergeben.

Die einfachste Ausführung des Zweitaktmotors ist diejenige mit einem Kolben, der die am Zylinderumfang angeordneten Ein- und Auslaßschlitze steuert. Meist wird das Frischgas durch den nach oben gehenden Kolben ins Kurbelgehäuse angesaugt und beim Kolbenabwärtsgang durch den Überströmkanal in den Zylinder gedrückt. Ein Nachteil dieser Bauart ist das symmetrische Steuerdiagramm (s. Abb. 94); da Auslaß nach Einlaß schließt, können nur in einem engen Drehzahlbereich Frischgasverluste vermieden werden.

Ein unsymmetrisches Steuerdiagramm erhält man bei der Doppelkolbenbauart, die bei Motorradmotoren verschiedentlich Anwendung findet. Hier liegt „Einlaß öffnet" später, so daß das Eindringen von Abgasen verhindert wird, und „Auslaß schließt" früher, so daß Frischgasverluste vermieden werden und auch ein

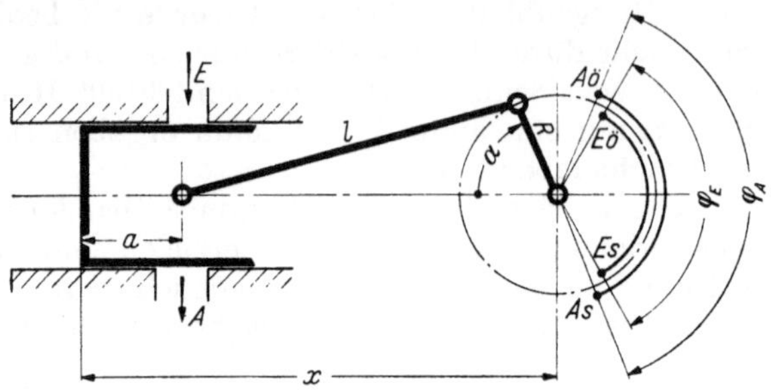

Abb. 94. Zweitaktmotor ohne Desaxierung

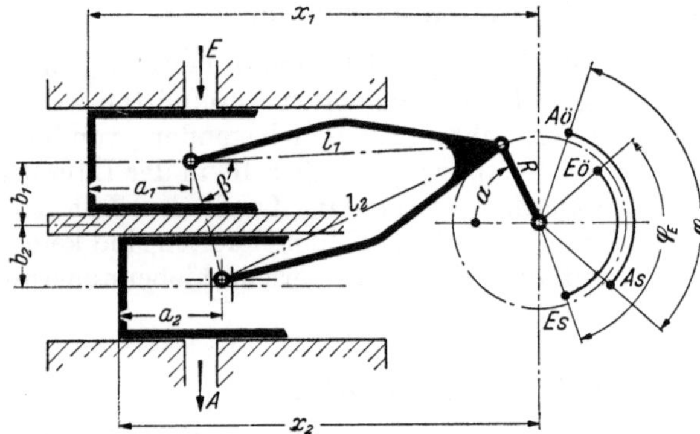

Abb. 95. Zweitakt-Doppelkolbenmotor mit Gabelpleuel

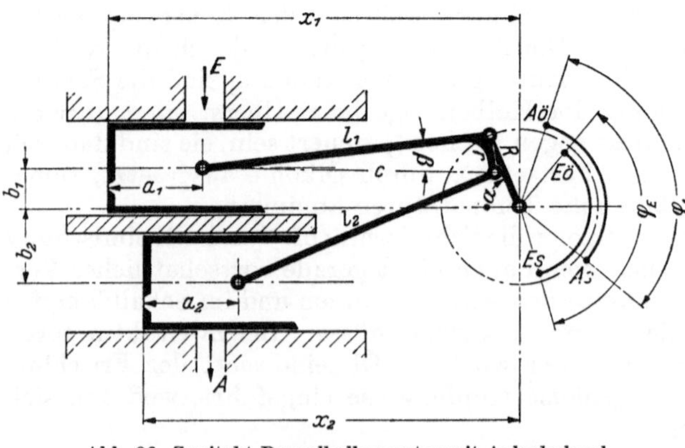

Abb. 96. Zweitakt-Doppelkolbenmotor mit Anlenkpleuel

Auf- oder Überladen möglich wird. Wird ein starres Gabelpleuel verwendet (s. Abb. 95), dann muß der eine Kolbenbolzen über einen Gleitstein mit dem Kolben verbunden werden (diese Bauart wurde bei den Puch-Motorradmotoren angewandt). Die Ausführung mit Anlenkpleuel (s. Abb. 96) ist teurer, bietet jedoch mehr Freiheiten in der Steuerdiagrammgestaltung. Zu beachten ist, daß der Kolbenhub bei desaxierter Zylinderlaufbahn größer ist als der Kurbelhub, die Kolbentotpunkte werden am besten graphisch ermittelt.

Ein Nachteil der Doppelkolbenbauart ist die ungünstige Brennraumform, sie kann durch doppelten Kurbeltrieb vermieden werden. Dieser Weg wurde von Junkers bei den Jumo-Dieselflugmotoren beschritten (s. Abb. 97). Der untere Kolben steuert nur Einlaß, der obere nur Auslaß, die Schlitze in der Zylinderwand sind so ausgebildet, daß die Gasströmung den ganzen Zylinderquerschnitt erfaßt. Die Doppelwellenbauart ist sehr teuer und daher nur in Sonderfällen anwendbar.

Die genaue Lage der durch den Kolben gesteuerten Kante bzw. der zu einer Kolbenstellung gehörende Kurbelwinkel errechnet sich aus folgenden Formeln:

a) Zylinder nicht desaxiert (s. Abb. 94).

$$x = a + R \cos \alpha \pm \sqrt{l^2 - R^2 \sin^2 \alpha},$$
$$\cos \alpha = \frac{R^2 + (x - a)^2 - l^2}{2 R (x - a)}. \tag{82}$$

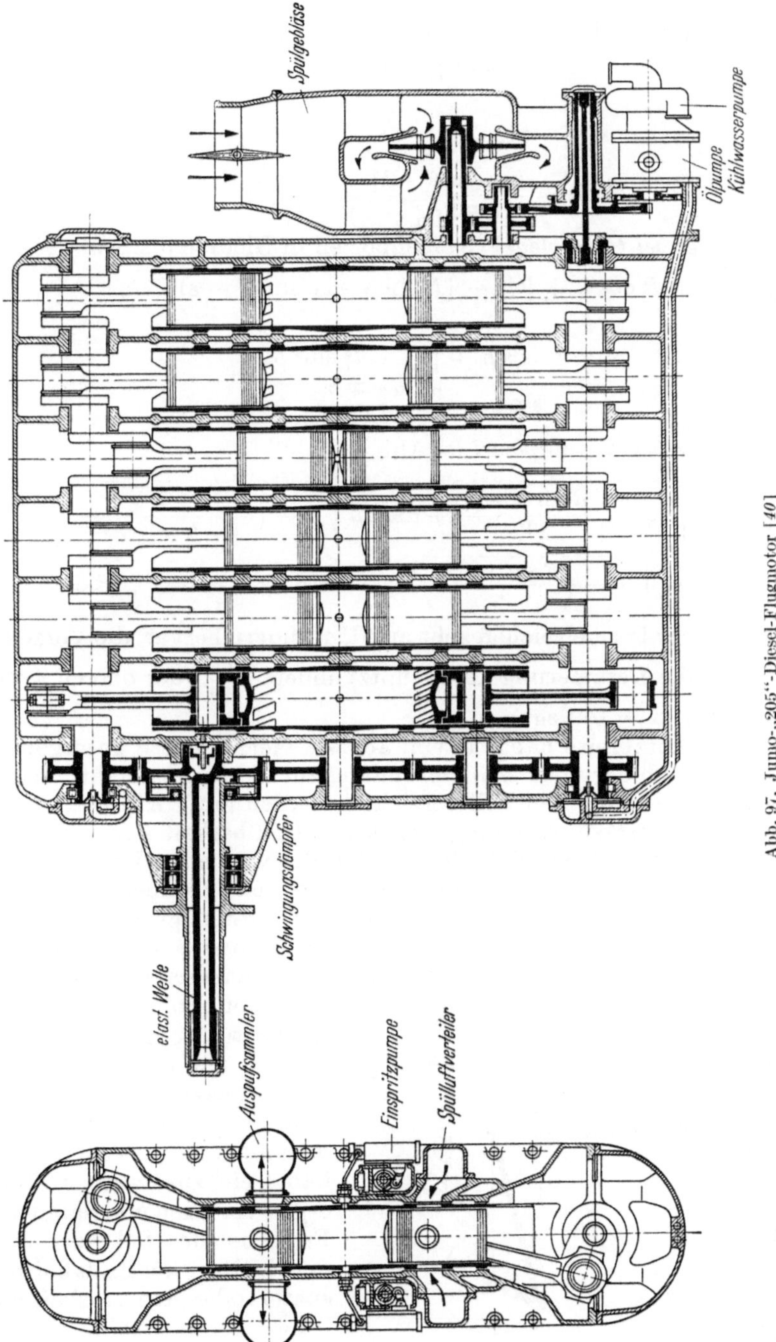

Abb. 97. Jumo-„205"-Diesel-Flugmotor [40]

b) Zylinder desaxiert (s. Abb. 95 und 96).

$$x_1 = a_1 + R \cos\alpha \pm \sqrt{l_1^2 - (R \sin\alpha \mp b_1)^2}\,, \qquad (83)$$
$$\alpha = \gamma \pm \delta\,,$$

γ und δ aus:

$$\tan\gamma = \frac{b_1}{x_1 - a_1}\,,$$
$$\cos\delta = \frac{(x_1 - a_1)^2 + b_1^2 + R^2 - l_1^2}{2R\sqrt{(x_1 - a_1)^2 + b_1^2}}\,.$$

c) Nebenzylinder bei Gabelpleuel (Kolbenbolzen in Gleitstein s. Abb. 95).

$$x_2 = a_2 + R\cos\alpha \pm \sqrt{l_2^2 - [R\sin\alpha + c\sin(\beta - \varepsilon) \mp b_1]^2}\,, \qquad (84)$$

c und ε aus:

$$c = l_1 \cos\beta \pm \sqrt{l_2^2 - l_1^2 \sin^2\beta}\,,$$
$$\sin\varepsilon = \frac{R\sin\alpha \mp b_1}{l_1}\,.$$

d) Nebenzylinder bei Anlenkpleuel (s. Abb. 96).

$$x_2 = a_2 + \sqrt{l_2^2 - \left[c\cos\beta\,\frac{R\sin\alpha \mp b_1}{l_1} \mp c\sin\beta\sqrt{1 - \left(\frac{R\sin\alpha \mp b_1}{l_1}\right)^2} \pm b_1 \pm b_2\right]^2}$$
$$+ (l_1 - c\cos\beta)\sqrt{1 - \left(\frac{R\sin\alpha \mp b_1}{l_1}\right)^2} \mp c\sin\beta\,\frac{R\sin\alpha \mp b_1}{l_1} + R\cos\alpha\,. \qquad (85)$$

Die Bedeutung der Formelzeichen geht aus den Bildern hervor, die Vorzeichen $\genfrac{}{}{0pt}{}{\text{oben}}{\text{unten}}$ gelten, wenn die Desaxierung des Hauptzylinders $\genfrac{}{}{0pt}{}{\text{hinter}}{\text{vor}}$ der oberen Totlage der Kurbelkröpfung ($\alpha = 0$) liegt.

Die mögliche Schlitzbreite hängt davon ab, wie viele Schlitze untergebracht werden müssen, und ob der volle Zylinderumfang zur Verfügung steht oder z. B. durch Nachbarzylinder auf einen Teil verzichtet werden muß. Aus Gründen der Festigkeit und bei Flüssigkeitskühlung wegen der Gießbarkeit der Kühlmittelkanäle sowie der Steifigkeit des Zylinders dürfen die verbleibenden Stege nicht zu knapp bemessen werden. Die Bestimmung der bei den verschiedenen Kurbelstellungen gegebenen Steuerquerschnitte erfolgt am besten graphisch, für die Schlitzbreite ist die Sehnenlänge einzusetzen. Die Gesamthöhe der Schlitze ist durch die Kolbentotlage gegeben.

Um mit einem Kolben zu einem unsymmetrischen Steuerdiagramm zu kommen, kann man auch im Ein- oder Auslaßkanal ein zusätzliches Steuerorgan vorsehen und damit trotz Freigabe des Schlitzes durch den Kolben die Einlaßöffnung später oder den Auslaßschluß früher legen. Abb. 98a zeigt eine verschiedentlich angewandte Lösung (s. z. B. Triumph-Motorradmotoren), bei der eine Kurbelwange als

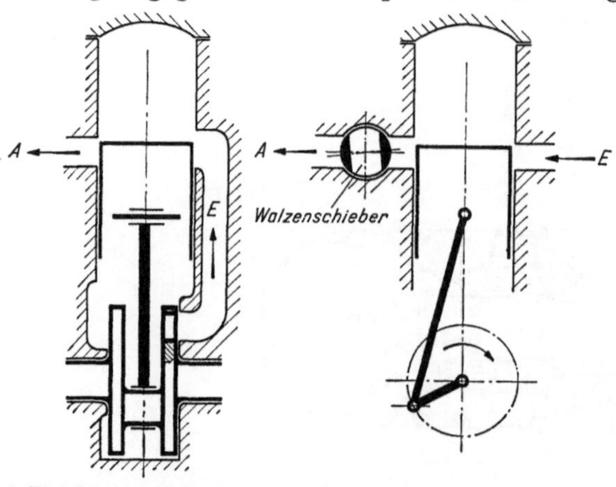

a) Einlaßsteuerung durch die Kurbelwange

b) Auslaßsteuerung durch einen Walzenschieber im Abgaskanal

Abb. 98a u. b. Gassteuerung beim Zweitaktmotor durch die Kolbenkante und ein Steuerorgan

Flachschieber ausgebildet ist und den Frischgasüberströmkanal steuert; in Abb. 98 b ist ein Walzenschieber im Auslaßkanal dargestellt. Die Abdichtung der Drehschieber bereitet hier kaum Schwierigkeiten, weil die Druckdifferenzen klein sind.

Natürlich kann der Kolben auch nur zur Steuerung von Ein- oder Auslaß herangezogen und Aus- oder Einlaß durch Ventile oder Schieber gesteuert werden. In Abb. 99 ist der LKW-Zweitaktdieselmotor der Südwerke gezeigt, bei dem der Kolben nur die Einlaßschlitze steuert — ein Rootesgebläse dient zur Aufladung —, 3 parallel hängende Ventile steuern die Abgase. Bei den sehr kurzen Steuerzeiten bereitet es gewisse Schwierigkeiten, den erforderlichen Hub am Nocken unterzubringen. Verlokkend ist die Steuerung durch einen Flachschieber, Ausführungsmöglichkeiten werden in Abschnitt 3.221.2 (s. Abbildung 111) behandelt.

3.212 Knight-Schiebersteuerung. Abb. 100 zeigt die vor einigen Jahrzehnten verschiedentlich in Serie gebaute KNIGHT-Schiebersteuerung. Zwischen Kolben und Zylinder befinden sich zwei Steuerhülsen, die durch Kurbeltriebe auf und ab bewegt werden. Die Versetzung der Triebe zueinander ist derart, daß sich

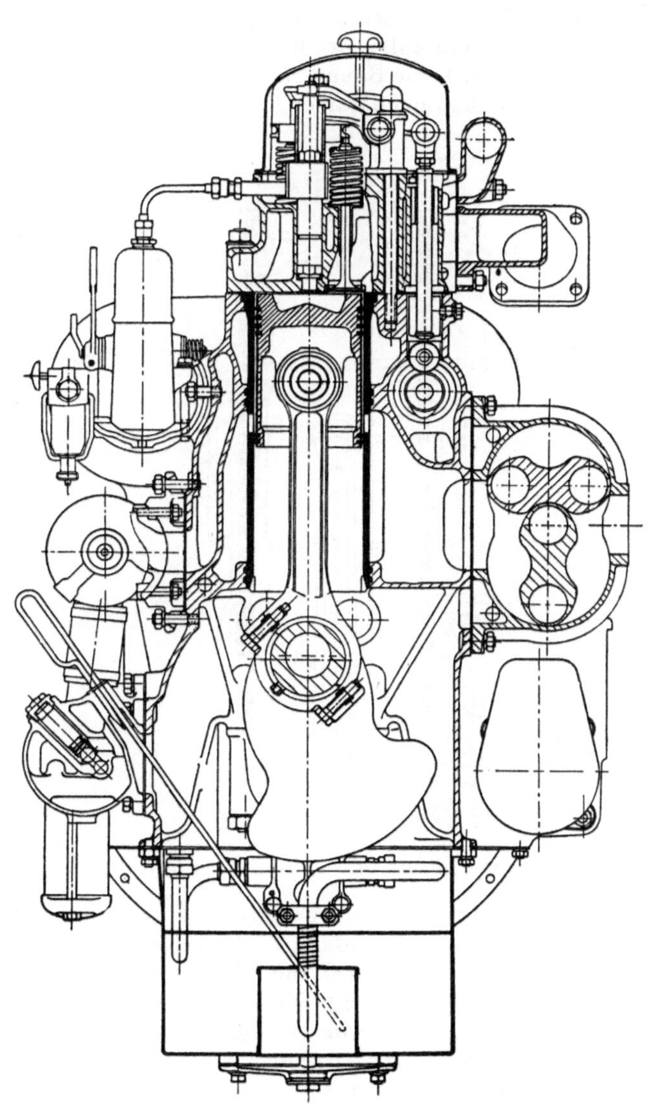

Abb. 99. Südwerke-Diesel-LKW-Motor [41]

die Steuerquerschnitte schnell öffnen und schließen; die unterzubringenden Öffnungen sind groß, die Abdichtung erfolgt über Kolbenringe am Kolben und im Zylinderkopf.

Es erübrigt sich, den Steuervorgang der KNIGHT-Schiebersteuerung zu behandeln, weil diese Bauart heute überholt ist; die Wärmeableitung vom Kolben zum Zylinder ist sehr schlecht, und der Fertigungsaufwand ist wegen der vielen empfindlichen Teile mit engen Passungen sehr hoch.

Die KNIGHT-Schiebermotoren liefen sehr geräuscharm, großer Ölverbrauch war ihnen jedoch eigen, offenbar weil die Passungen der Schieber nicht genügend eng gewählt werden konnten.

3.213 Burt-McCollum-Schiebersteuerung. Die Steuerung von Ein- und Auslaß läßt sich beim Viertaktmotor auch mit einem Steuerschieber bewerkstelligen, wenn man diesem außer der hin- und hergehenden Bewegung noch eine drehende Bewegung gibt. Diese Bauart ist als BURT-MCCOLLUM-Schiebersteuerung bekanntgeworden, sie hat nach langer Entwicklungszeit Serienreife erlangt und wurde bei englischen Flugmotoren angewandt.

Aus Abb. 101 geht die Konstruktion und der Steuervorgang hervor (s. a. [26]). Der Schieber wird durch eine mit halber Kurbelwellendrehzahl umlaufende Kurbel, auf der sich ein axial verschiebbares Kugelgelenk befindet, angetrieben und beschreibt dadurch eine ellipsenähnliche Kurvenbahn. Am Zylinderumfang können beliebig viele Ein- und Auslaßöffnungen vorgesehen werden, je mehr Öffnungen vorhanden sind, desto kleiner wird bei optimalen Steuerquerschnitten der Schieberhub. 2 oder 3 Einlaß- und 2 Auslaßöffnungen dürften wohl am günstigsten sein. Im Schieber kann eine Ein- und eine Auslaßöffnung zu einer gemeinsamen vereinigt werden, wodurch sich eine bessere Ausnützung des Zylinderumfangs ergibt. Der Umfang teilt sich (s. a. Abb. 101) auf in die Kanalbreiten b_1 und b_2, die Strecken, durch die die Schieberöffnungen laufen ($b_1 + 2z_1$), und die Überdeckungen z_2 und z_3. Die Dichtflächen z_1 und z_3 können ziemlich schmal gehalten werden, weil nur geringer Druck im Zylinder herrscht, wenn sie abdichten müssen. z_2 wird durch die Überschneidung der Steuerzeiten im oberen Totpunkt vorgeschrieben.

Durch die Kanalbreite b_1 und die Überdeckung z_1 ist der Seitenausschlag des Schiebers gegeben und durch den Abstand A des Kurbelangriffs (Kugelmitte) von der Zylindermitte der Kurbelradius R und damit der Schieberhub als doppelter Radius:

$$R = A \sin \alpha, \tag{86}$$

$$\alpha = \frac{360 \cdot (b_1 + z_1)}{2\pi(D + 2\delta)},$$

$D =$ Zylinderbohrung,
$\delta =$ Schieberwandstärke.

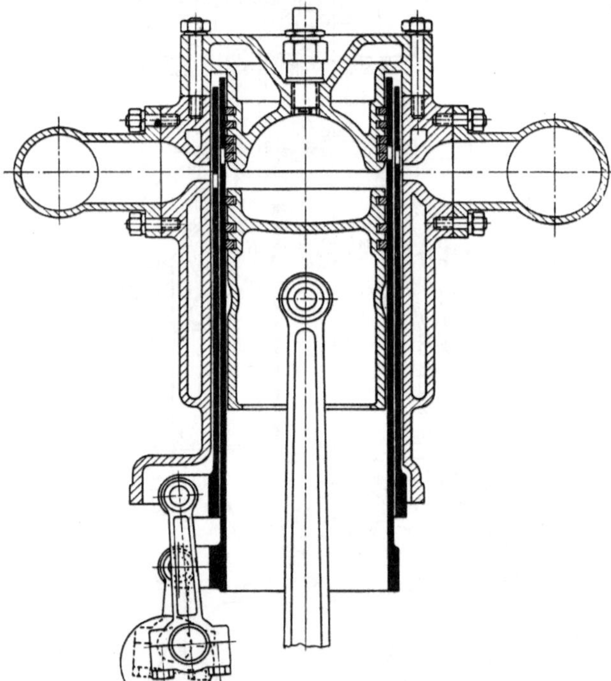

Abb. 100. KNIGHT-Schiebersteuerung [26]

Der Abstand A sollte aus mechanischen Gründen möglichst klein sein.

Zur Bestimmung der Kanalformen zeichnet man die Bewegung eines beliebigen Punktes, z. B. eines Punktes der unteren Steuerkante des Schiebers auf und trägt die halbierten Steuerzeiten auf dem zugehörigen Kreis so ein, daß „Einlaß schließt" und „Auslaß öffnet" auf gleicher Höhe liegen. Die Totpunkte des Kolbens sind dann um den Winkel $\psi = \dfrac{\varphi_A - \varphi_E}{4}$ zu den Schiebertotpunkten verschoben.

φ_A und φ_E bedeuten hier die auf Kurbelwelle bezogenen Winkel vor bzw. nach den unteren Totpunkten von „Auslaß öffnet" und „Einlaß schließt".

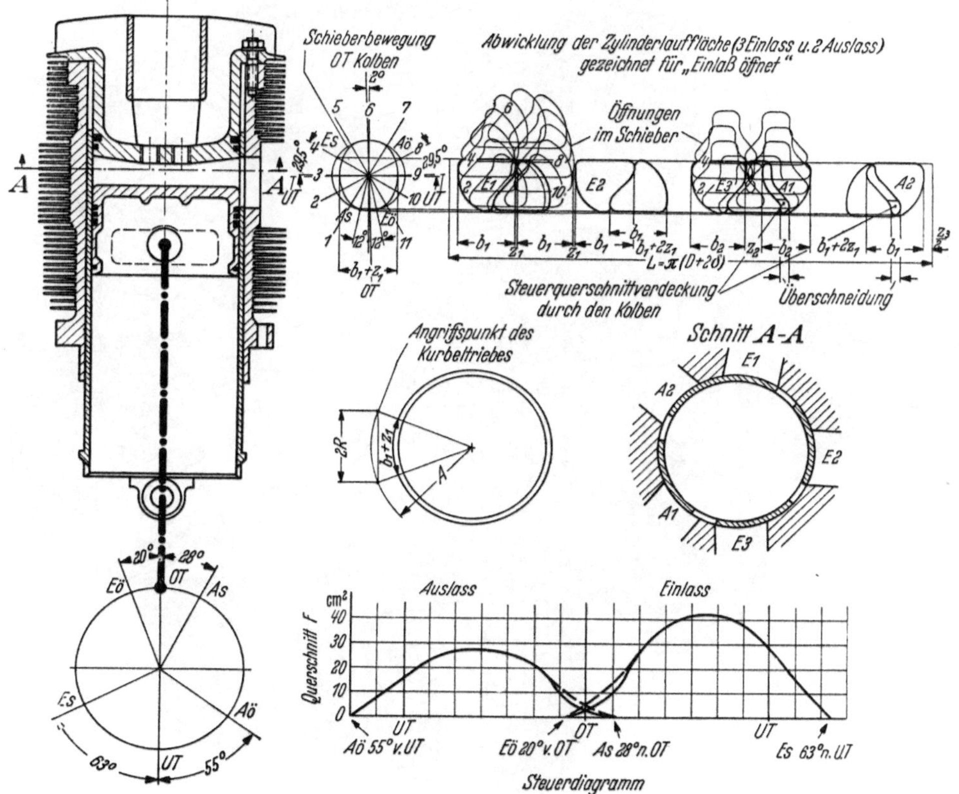

Abb. 101. Burt-McCollum-Schiebersteuerung des Bristol-„Perseus"-Flugmotors

Die Kanalhöhe H ergibt sich aus:

$$H = R \left(1 + \sin \frac{\varphi_A + \varphi_E}{4}\right). \tag{87}$$

Die Außenform des Steueröffnungspaares ist nunmehr gegeben, die inneren Kanten sind so auszubilden, daß in allen Schieberstellungen möglichst große Steuerquerschnitte erzielt werden.

Sofern auf Nachbarzylinder keine Rücksicht genommen werden muß, lassen sich bei der Burt-McCollum-Schiebersteuerung sehr große Querschnitte unterbringen. Bei der Überschneidung im oberen Totpunkt tritt eine Verminderung der Querschnitte durch den Kolben ein (s. Steuerdiagramm Abb. 101), große

Überschneidungen, wie sie bei Flugmotoren mit Benzineinspritzung angewandt werden, sind daher nicht zu verwirklichen.

Die Abdichtung des Schiebers erfolgt durch Kolbenringe im Zylinderkopf und am Kolben, während der Verbrennung sind die Schieberöffnungen oberhalb der Ringe im Zylinderkopf. Die Ringe am Kolben kommen bei sehr hohem Feuersteg nicht mit den Steueröffnungen zusammen und können daher frei drehbar sein, dagegen müssen die Ringe im Zylinderkopf entweder gegen Drehen gesichert

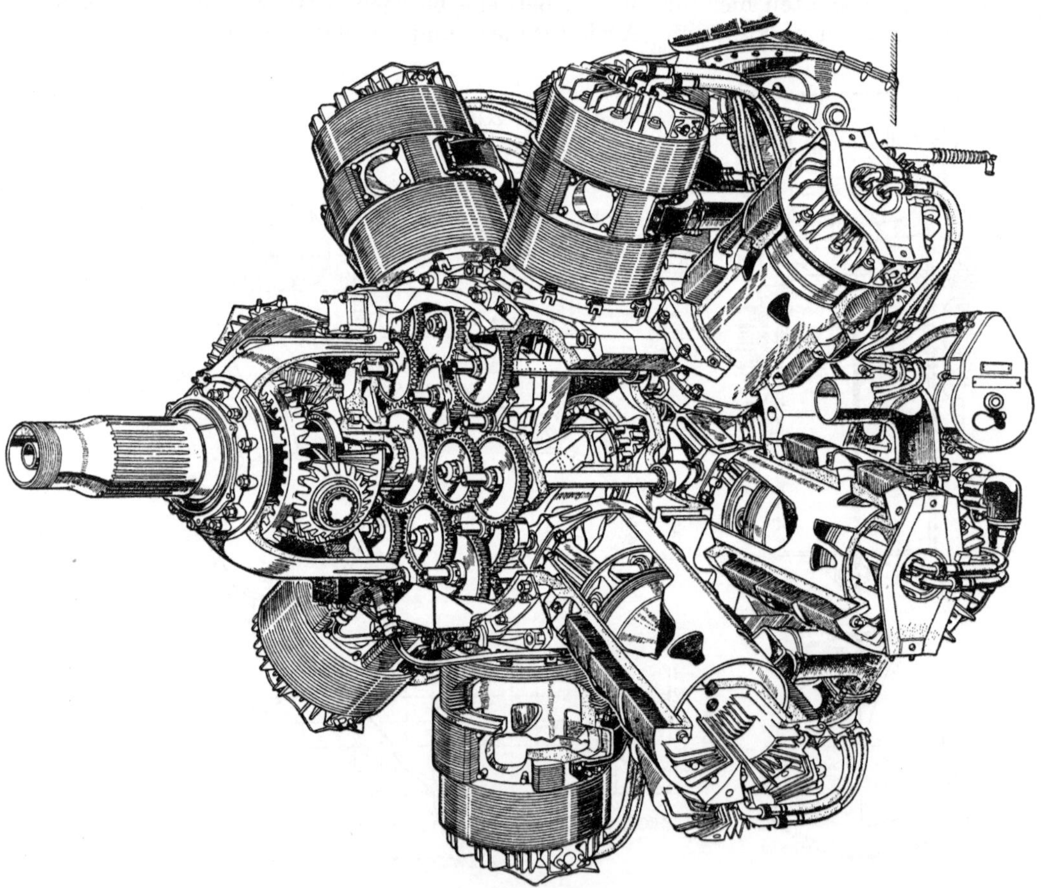

Abb. 102. Bristol-„Hercules"-Flugmotor [42]

werden — ihr Stoß muß innerhalb der Strecke z_3 liegen —, oder sie müssen so ausgebildet sein, daß ihr Stoß beim Überlaufen der Schieberöffnungen nicht Schaden leidet.

Sehr nachteilig ist bei der BURT-McCOLLUM-Schiebersteuerung die schlechte Wärmeleitung vom Kolben zum Zylinder. Es ist daher erstaunlich, daß sich diese Bauart zuerst bei luftgekühlten Flugmotoren einführte (Bristol „Perseus", „Aquila", Taurus" und „Hercules", s. Abb. 102), gegenüber luftgekühlten Ventilmotoren wurden um 50 °C höhere Kolbentemperaturen gemessen. Erst viel später folgte im Napier „Sabre" eine flüssigkeitsgekühlte Flugmotorentype (s. Abb. 103). Bei luftgekühlten Motoren bereitet auch die Kühlung des Zylinderkopfes einige Schwierigkeiten, weil die Luftzu- und -abgangsquerschnitte sehr klein sind.

Günstig ist bei der Burt-McCollum-Schiebersteuerung die Form des Brennraumes mit der Zündkerze in der Mitte und auch die geringe Bauhöhe des Zylinders, ein Teil dieses Vorzugs geht jedoch durch die Notwendigkeit sehr langer Pleuel wieder verloren.

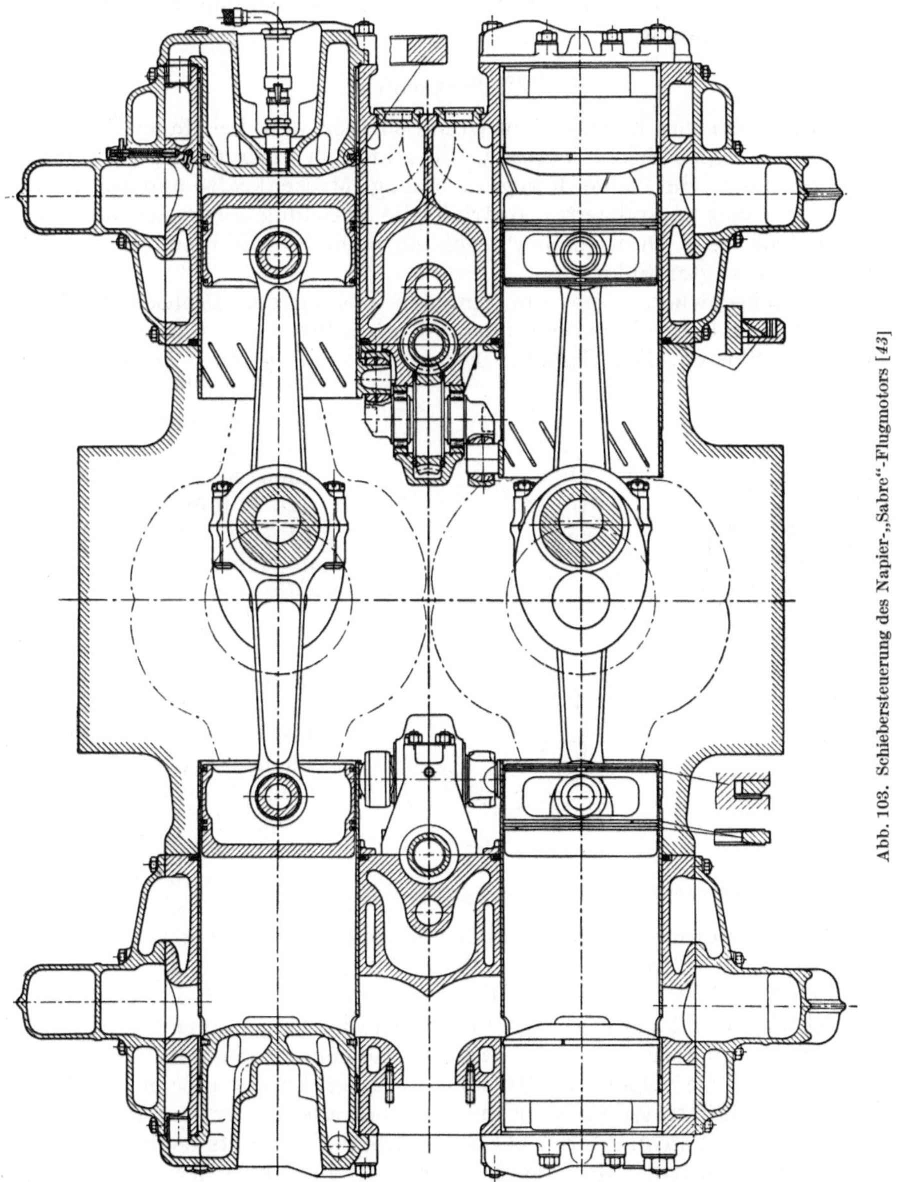

Abb. 103. Schiebersteuerung des Napier-„Sabre"-Flugmotors [43]

Gute Füllung als Folge der günstigen Strömungsverhältnisse und hohe Klopffestigkeit wegen Fehlens der heißen Auslaßventile sind bei der Burt-McCollum-Schiebersteuerung zu erwarten. Die Anzahl der Bauteile ist geringer als bei der Ventilsteuerung, die Herstellungskosten sind jedoch recht beträchtlich, weil die Einzelteile enge Toleranzen haben müssen und auch der Antrieb der Schieber mitgerechnet werden muß; beim Bristol „Hercules" sind hierfür 29 Zahnräder nötig.

Die in mancher Hinsicht keineswegs überzeugende BURT-MCCOLLUM-Schiebersteuerung kam nur deshalb zur Serienreife, weil bei ihr die Abdichtung mit bekannten Elementen zu lösen war. Bei dem heutigen Stande der Technik ist sie kaum mehr zu empfehlen.

3.22 Drehschieber

Nur bei einem gleichförmig bewegten Schieber, d. h. bei einem Drehschieber, erhält man die eigentlichen Vorteile, die man von einer Schiebersteuerung erwartet. Jede ungleichförmige Bewegung erzeugt Massenkräfte und verlangt einen mehr oder weniger komplizierten Antrieb; die Erzielung steiler Steuerdiagramme bereitet jedoch beim Drehschieber erheblich mehr Schwierigkeiten als beim ungleichförmig bewegten Schieber.

3.221 Flachschieber. Eine sehr einfache Lösung des Drehschiebers ist der Flachschieber, d. h. der Verbrennungsraum wird durch eine flache oder gewölbte Scheibe verschlossen. Der Schieber kann mit verschiedener Untersetzung zur Kurbelwelle laufen, er erhält dann eine entsprechende Zahl von Steueröffnungen; er kann auch so ausgebildet werden, daß in ihm die Trennung von Ein- und Auslaß stattfindet, im Zylinder ist dann nur eine Öffnung, durch die Frisch- und Abgas wechselweise ein- und austritt. Auch im Zylinder können mehrere Ein- und Auslaßkanäle vorgesehen sein. Der besondere Vorteil des Flachschiebers ist seine einfache Abdichtung.

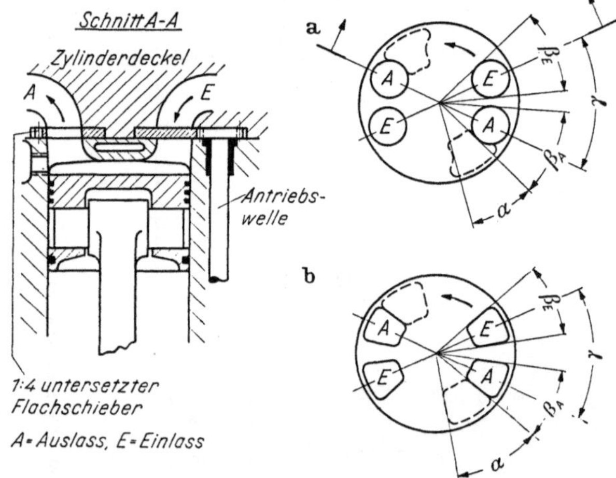

Abb. 104.
Schematische Darstellung der DVL-WVW-Flachschiebersteuerung

3.221.1 *DVL-WVW-Flachschiebersteuerung*[1]. Der Verbrennungsraum hat bei dieser Steuerung zwei Einlaß- und zwei Auslaßöffnungen, der Schieber ist 1:4 zur Kurbelwelle untersetzt und besitzt zwei Steueröffnungen, seine Drehachse fällt mit der Zylinderachse zusammen (s. Abb. 104). Da runde Öffnungen am Zylinder eine leichtere Lösung des Abdichtungsproblems erwarten ließen, wurden diese zunächst gewählt, obwohl die Steuerquerschnitte vor allem bei Reihenmotoren mit kleinem Zylinderabstand nicht diejenigen von Hochleistungsventilmotoren erreichen. Die Versuche zeigten, daß trotzdem sehr gute Liefergrade zu erzielen waren und vor allem, daß der an Ventilmotoren bei hohen Drehzahlen stets beobachtete Liefergradabfall nicht auftrat. Die Ursache hierfür ist in den besseren Strömungsbeiwerten und der geringeren Erwärmung der Frischgase beim Einströmen zu sehen (s. a. Abschn. 1.2).

---

[1] Diese Drehschiebersteuerung wurde von Prof. KURT SCHNAUFFER vorgeschlagen und vom Verfasser in der Deutschen Versuchsanstalt für Luftfahrt e. V., Berlin-Adlershof (DVL) in enger Verbindung mit FELIX WANKEL, Lindau (WVW, heute TES) zur Betriebsreife entwickelt.

Trapezförmige Steueröffnungen bringen eine erhebliche Vergrößerung der Querschnitte, es ist jedoch sehr zu überlegen, ob sich die teurere und kompliziertere Abdichtung lohnt, zweifellos verliert die Flachschiebersteuerung viel von ihrer Einfachheit. Es empfiehlt sich, zunächst mit einer Bauart nach Abb. 104a mit runden Löchern zu beginnen und erst, wenn größere Steuerquerschnitte wirklich notwendig sind und man die Abdichtung unregelmäßiger Querschnitte voll beherrscht, auf trapezförmige Öffnungen nach Abb. 104b überzugehen.

Der Steuervorgang bei vier Öffnungen im Zylinder und 1:4 untersetztem Schieber geht aus der Abb. 104 hervor. Vorteilhafterweise wird bei runden Löchern der Winkel $\beta \approx 1{,}2\alpha$ gewählt, man gewinnt hierbei an Querschnitt; bei trapezförmigen Löchern dagegen wird α meist größer als β werden. Es ist:

$$\alpha + \beta_E = \frac{\varphi_E}{4}, \qquad \alpha + \beta_A = \frac{\varphi_A}{4},$$

wobei φ_E und φ_A die Einlaß- bzw. Auslaßöffnungszeiten auf Kurbelwellenwinkel bezogen bedeuten. 4γ ist der Versetzungswinkel von Mitte Einlaß zu Mitte Auslaß. Dieser Winkel kann bei einem fertigen Zylinder nicht mehr geändert werden, während die Öffnungszeiten durch Schieber mit anderen Öffnungen oder Dichtkörper mit größerer Wandstärke variiert werden können. Durch die Notwendigkeit, zwischen den Ein- und Auslaßkanälen Kühlmittel hindurchzuführen, ist der kleinste Winkel γ begrenzt. Bei überladenen Flugmotoren mit Benzineinspritzung und Ventilsteuerung wurde $4\gamma = 195°$ im äußersten Falle gefordert, mit der Flachschiebersteuerung ließen sich $200°$ ermöglichen; bei Kraftwagenmotoren beträgt die Versetzung meist 215 bis 220°. Während „Auslaß öffnet" und „Einlaß schließt" an der Steueröffnung im Zylinder gesteuert werden, wird die Überschneidung, d. h. „Einlaß öffnet" und „Auslaß schließt" im Zylinderdeckel bestimmt (s. Abb. 105). Um die

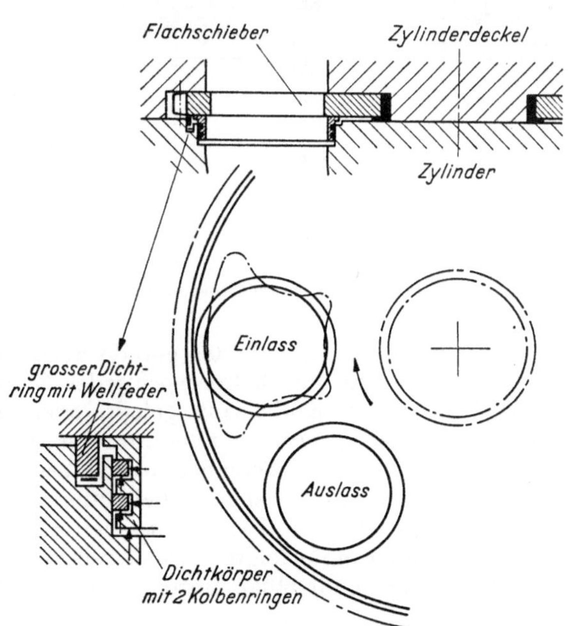

Abb. 105.
Der Steuervorgang bei der DVL-WVW-Flachschiebersteuerung

Abb. 106. Abdichtung des Flachschiebers

Strömung möglichst wenig zu stören, empfiehlt es sich, die Steuerkanten „A" und „B" zu versetzen, was durch ovale Öffnungen im Zylinderdeckel leicht zu verwirklichen ist. Die Steuerkanten „C" und „D" können meist nicht zusammengerückt werden, weil der Steg zwischen den Kanälen zu schwach wird.

Zur Abdichtung des Verbrennungsraums bewährten sich Dichtkörper nach Abb. 106 sehr gut; sie wurden durch den Gasdruck an den Schieber angedrückt, der Ölfilm am Schieber verhinderte ein Abheben während des Saughubes. Durch die verschiedenen Umfangsgeschwindigkeiten des Schiebers drehten sich die Körper beständig, läppten ihre Dichtfläche und die Schieberfläche, so daß diese mit zunehmender Laufzeit immer besser wurden, und überdies verhinderten sie hierdurch Ölkohleansatz schon im Entstehungszustand. Sowohl die kleinen Dichtringe in ihren Nuten als auch die Dichtkörper im Zylinder hatten reichlich Spiel, um den Bewegungen des Schiebers folgen zu können; ein Ausbuchsen der Dichtkörpersitze zeigte sich auch bei Leichtmetallzylindern nicht als notwendig.

Meist wurden die Einlaßdichtkörper zur Erzielung größtmöglicher Querschnitte aus Stahl gefertigt, eine Wandstärke von $\delta = 2$ mm genügte; bei den Auslaßdichtkörpern bewährte sich sehr gut bei 3 mm Wandstärke geschmiedetes Leichtmetall. Um einen Gasübertritt von einem zum anderen Zylinder zu ver-

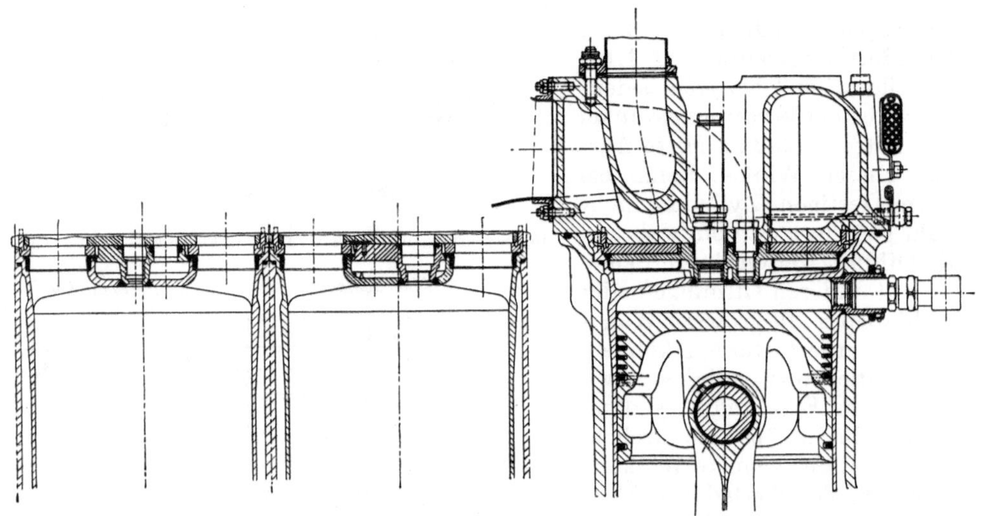

Abb. 107. DVL-WVW-Flachschiebersteuerung mit geschweißten Stahlzylindern bei einem Flugmotor

hindern — es kann ein Zylinder gerade ausschieben, während ein anderer ansaugt —, wurde um die Dichtkörper jedes Zylinders ein durch eine Wellfeder angedrückter großer Kolbenring gelegt, oder es wurde die Axialführung des Schiebers durch einen vorstehenden, um die Dichtkörper herumführenden Rand vorgenommen. Für den Schieber wurde seiner guten Warmfestigkeit wegen Nitrierstahl gewählt, der Schieber lief unmittelbar auf der Zylinderdeckelfläche und konnte dadurch seine Wärme gut ableiten, zum Zylinder hatte er ausreichend Spiel. Die Schmierung erfolgte durch dosierte Ölzufuhr (s. Abschn. 3.12) an der Schieberlagerung unmittelbar hinter einer Einlaßöffnung und radiale Nuten am Zylinderdeckel.

Ein Nachteil der DVL-WVW-Drehschiebersteuerung ist der zerklüftete Brennraum. Um die Kanäle möglichst kurz zu bekommen, wurde für Flugmotoren eine Stahlzylinderkonstruktion vorgeschlagen, die sich in Einzylinderversuchen sehr gut bewährte (s. Abb. 107). Der Verbrennungsraumboden wurde im Feingesenk geschlagen, teilweise bearbeitet und an die Zylinderlaufbahn stumpf angeschweißt; durch einen eingeschweißten Abschlußdeckel wurde der Boden verschlossen. Innerhalb der Schieberlagerung befanden sich eine Zündkerze, die Einspritzdüse und der Kühlmittelübertritt.

Wegen des Fehlens der heißen Ventile ließ sich der Flachschiebermotor erheblich höher als der Ventilmotor aufladen, so daß der ungünstige Brennraum kaum in Erscheinung trat. Sehr gering ist der Raumbedarf, vor allem die Höhe der Flachschieberbauart; dies kann bei beschränkten Raumverhältnissen sehr wertvoll sein und bedeutet auch geringes Gewicht. Besonders einfach gestaltet sich der Antrieb der Schieber, die außen verzahnt durch ein Antriebsritzel angetrieben werden können (s. Abb. 108). Der auf dieser Abbildung in den Schieberöffnungen erkennbare dünne Steg behinderte ein bei Überladung mögliches Überströmen von Einlaß zu Auslaß während der Überschneidung.

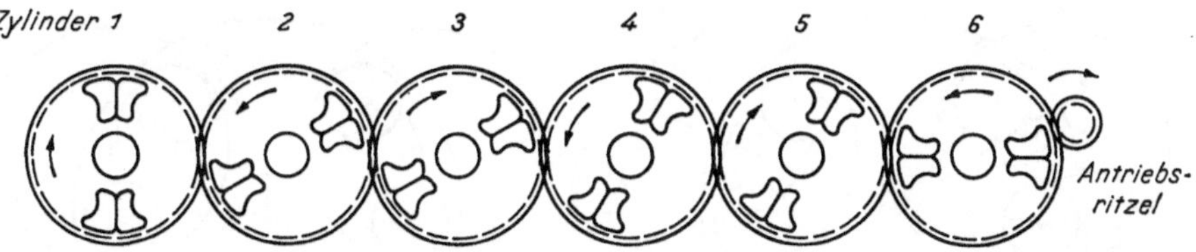

Abb. 108. Antrieb der Schieber bei einem Reihenflugmotor

Durch lange Dauerläufe mit Einzylinderprüfmotoren und Vollmotoren unter hoher Belastung auch im Flugbetrieb wurde die Betriebsreife der DVL-WVW-Flachschiebersteuerung bei flüssigkeitsgekühlten Hochleistungsflugmotoren nachgewiesen. Sie war im Dauerverhalten und in der Überladbarkeit der Ventilsteuerung überlegen, in der Leistung bei gleicher Drehzahl und gleicher Überladung etwa gleichwertig. Bei luftgekühlten Flugmotoren konnte wegen Reißens der Stege zwischen Ein- und Auslaß die erforderliche Betriebsreife noch nicht erreicht werden. Bei Kriegsende stand die Serienfertigung eines flüssigkeitsgekühlten 28-Zylinder-Flugmotors mit DVL-WVW-Flachschiebersteuerung unmittelbar bevor; auch in einem Sondermotor hatte sie sich bewährt [27].

3.221.2 Weiterentwicklungsmöglichkeiten der DVL-WVW-Flachschiebersteuerung. Einen günstigeren Brennraum und auch größere Steuerquerschnitte erhält man, wenn der Schieber 1 : 2 zur Kurbelwelle untersetzt ist und nur eine Einlaß- und eine Auslaßöffnung im Zylinder vorgesehen

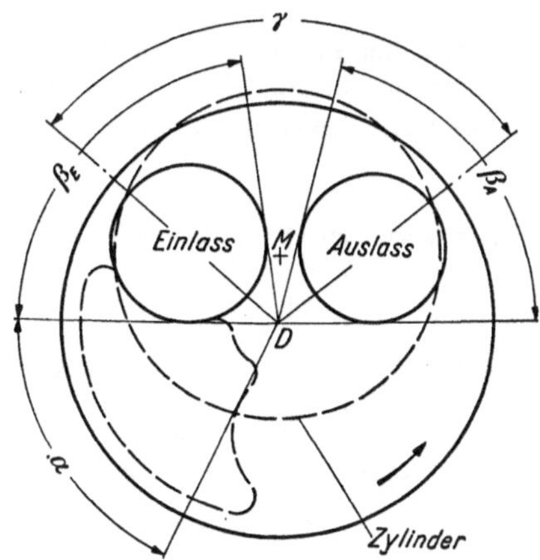

Abb. 109. Steuerwinkel bei 1 : 2 untersetztem Flachschieber

wird (s. Abb. 109). Die Winkel im Schieber und im Zylinder sind doppelt so groß wie bei 1 : 4 untersetztem Schieber, es ist:

$$\alpha + \beta_E = \frac{\varphi_E}{2}, \qquad \alpha + \beta_A = \frac{\varphi_A}{2}.$$

2γ ist die auf Kurbelwelle bezogene Versetzung von Einlaß zu Auslaß. Die Schieberdrehachse „D" fällt nicht mehr mit der Zylinderachse „M" zusammen, gegebenenfalls kann sie zu dieser auch geneigt angeordnet werden. Die Kanalführung wird einfacher als bei je zwei Öffnungen, jedoch macht der Massenausgleich des Schiebers gewisse Schwierigkeiten, auch muß der Schieberlagerung besondere Sorgfalt gewidmet werden, weil die Belastung einseitig erfolgt.

Sehr günstige Verhältnisse ergeben sich, wenn mit einem 1:4 untersetzten Schieber zwei Zylinder gesteuert werden können (s. Abb. 110). Die Winkel α, β_E, β_A und γ werden wie in Abschn. 3.221.1 bestimmt, 4δ, bzw. bei umgekehrter Schieberdrehrichtung $4(180 - \delta)$, ist der auf Kurbelwelle bezogene Zündabstand von Zylinder 1 zu 2 bzw. 3 zu 4. Der Schieber benötigt keinen Massenausgleich, da er zwei Öffnungen besitzt, auf die Kippkräfte muß jedoch Rücksicht genommen werden.

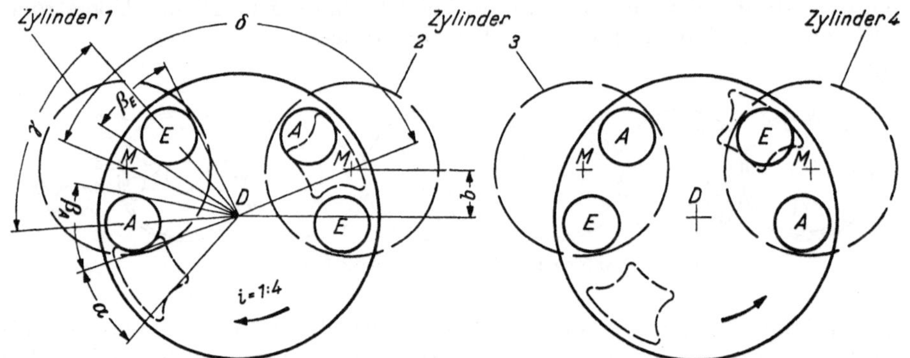

Abb. 110. Flachschiebersteuerung bei einem Vierzylinder-Viertaktmotor

Auch bei einem Zweitaktmotor kann man Ein- oder Auslaß benachbarter Zylinder mit einem 1:1 oder 1:2 untersetzten Schieber steuern (s. Abb. 111).
Bei Untersetzung 1:1 ist:

$$\alpha + \beta = \varphi,$$

$\varphi =$ gesamter Öffnungswinkel auf Kurbelwelle bezogen.

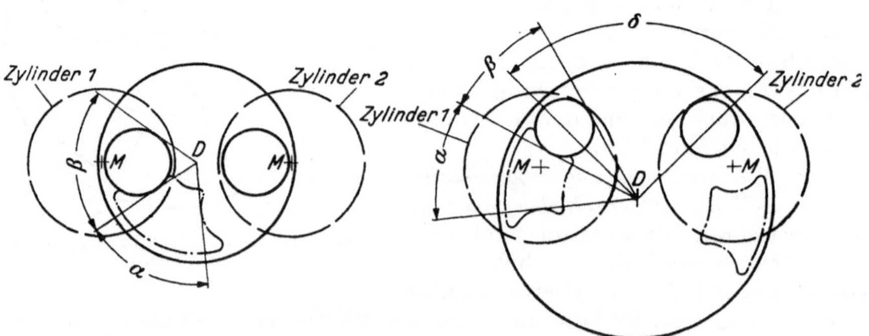

Abb. 111 a u. b. Flachschiebersteuerung bei einem Zweizylinder-Zweitaktmotor

Bei Untersetzung 1:2 ist:

$$\alpha + \beta = \frac{\varphi}{2}.$$

δ ist gleich bzw. halb so groß wie der Zündabstand der beiden Zylinder. Sofern der Auslaß gesteuert wird, ist der geringeren Wärmebelastung wegen die Schieberuntersetzung 1:2 vorzuziehen.

3.221.3 Bristol-Taumelscheibenmotor. Eine interessante Flachschiebersteuerung hatte der Bristol-9-Zylinder-Taumelscheibenmotor (s. Abb. 112). Der Schieber war so dick ausgebildet, daß in ihm Ein- und Auslaß getrennt werden konnten.
Die Einlaßkanäle führten zu einem Sammelkanal in der Mitte, die Auslaßkanäle
zu einer Sammelleitung am Umfang. Jeder Zylinder besaß nur eine runde Öff-

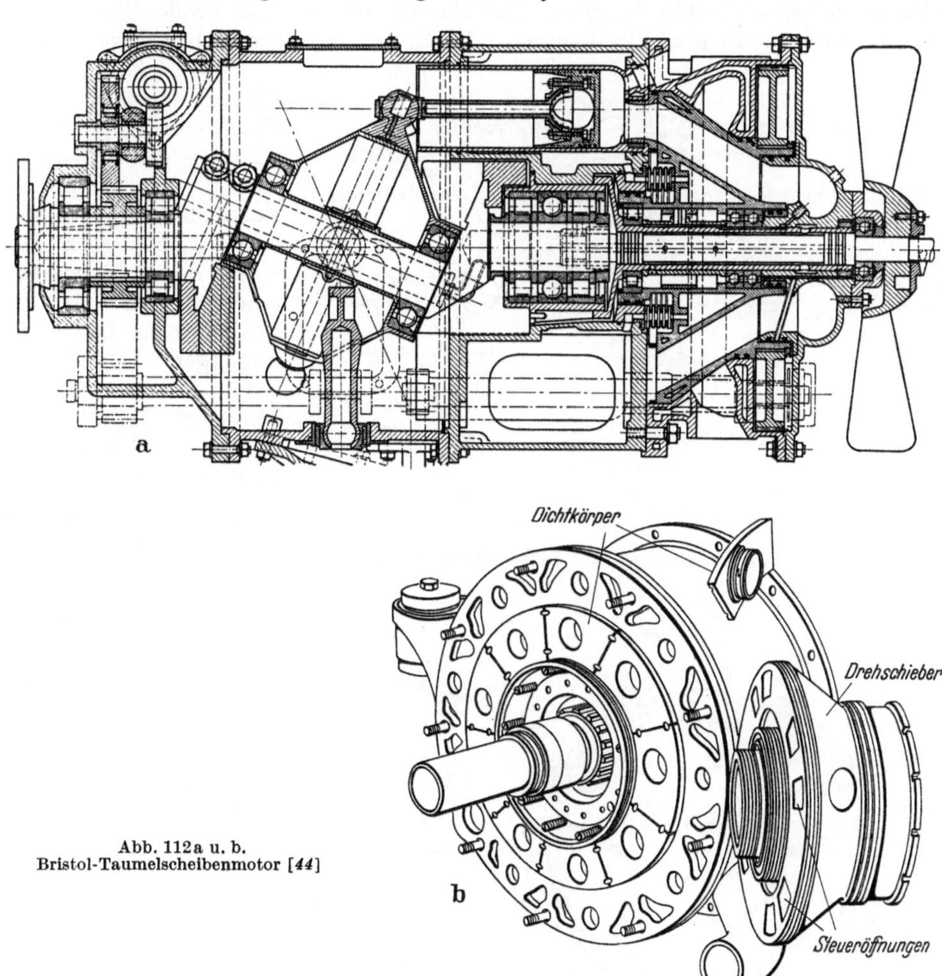

Abb. 112a u. b.
Bristol-Taumelscheibenmotor [44]

nung, durch die wechselweise Frisch- und Abgas strömte, im 1:8 untersetzten,
entgegen der Kurbelwelle drehenden Schieber befanden sich 4 trapezförmige
Kanalpaare. Der Steuervorgang geht aus Abb. 113 hervor; es ist:

$$\alpha_E + \beta = \frac{\varphi_E}{i}, \qquad \alpha_A + \beta = \frac{\varphi_A}{i},$$

$\varphi_E, \varphi_A =$ gesamte Einlaß- bzw. Auslaßöffnung auf Kurbelwelle bezogen,
$\quad i\,\gamma =$ Versetzungswinkel von Einlaß zu Auslaß auf Kurbelwelle bezogen,
$\quad\quad i =$ Untersetzung des Schiebers.

Zur Abdichtung dienten mit Kolbenringen versehene Dichtkörper, deren
Dichtfläche ein Kreisringstück bildete; dies war notwendig, um ein Überströmen

7*

von einem zum anderen Zylinder zu verhindern. Zweckmäßig wäre eine Trennung der Platten von den Dichtkörpern gewesen, weil sie zur Abdichtung des Brennraums zu große Dichtflächen ergeben und sich überdies zu leicht verziehen können. Nachteilig bei dieser Schiebersteuerung ist die Notwendigkeit, Kühlmittel durch den Schieber zu bringen, dessen Abdichtung vom Gehäuse zum bewegten Schieber Schwierigkeiten bereitet. Die Bauart bringt sehr große Steuerquerschnitte, sie ist jedoch an ein Taumel- oder Kurvenscheibentriebwerk gebunden.

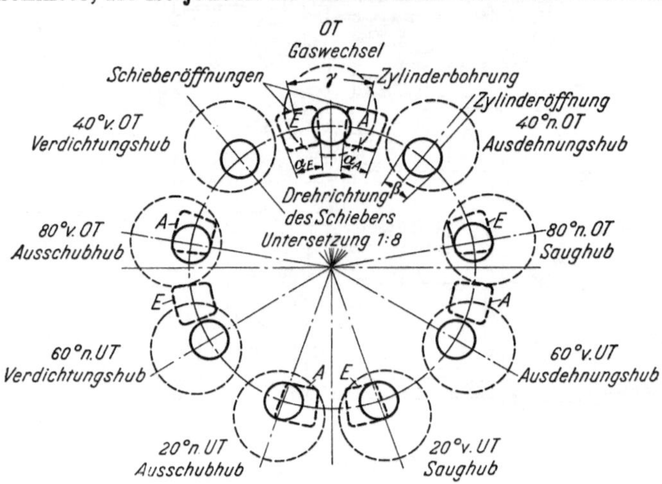

Abb. 113. Steuervorgang bei der Bristol-Flachschiebersteuerung

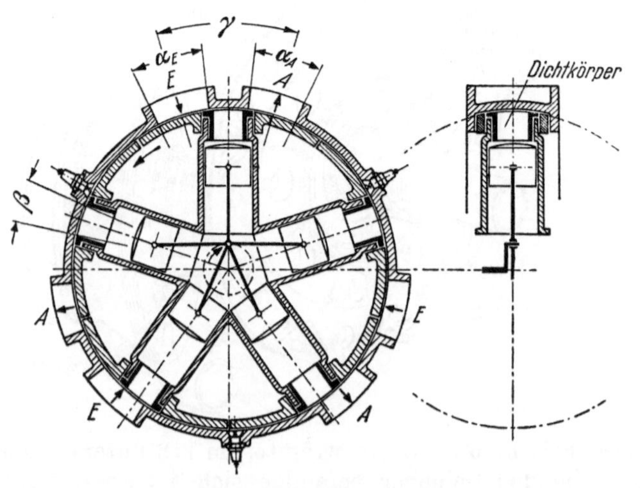

Abb. 114. Steuervorgang beim SACHSENBERG-SKLENAR-Motor [28]

3.221.4 Sachsenberg-Sklenar-Motor. Als Flachschiebersteuerung ist auch die Konstruktion von SACHSENBERG-SKLENAR anzusehen. Bei dieser bestand der Schieber aus einem feststehenden Schieberring, in dessen kugeliger Innenfläche die in Sternform angeordneten Zylinder rotierten (s. Abb. 114 und 115). Der Schieberring besaß $\frac{z+1}{2}$ Steueröffnungspaare und ebenso viele Zündkerzen ($z =$ Zylinderzahl), jeder Zylinder hatte nur eine runde Öffnung, der Zylinderstern rotierte mit der Untersetzung $1:z$ entgegen der Kurbelwelle. Die Steuerwinkel sind:

$$\alpha_E + \beta = \frac{\varphi_E}{z+1},$$

$$\alpha_A + \beta = \frac{\varphi_A}{z+1},$$

$\varphi_E, \varphi_A =$ gesamte Einlaß- bzw. Auslaßöffnung auf Kurbelwelle bezogen, $(z+1)\gamma =$ Versetzungswinkel von Einlaß zu Auslaß auf Kurbelwelle bezogen.

Zur Abdichtung dienten runde, mit Kolbenringen versehene Dichtkörper, die ursprünglich zur Erzeugung einer Drehbewegung innen mit schraubenförmigen Rippen versehen waren. Zur Abdeckung der Schieberöffnungen waren zum Zylinder durch Kolbenringe abgedichtete Gleitschuhe angebracht.

Der SACHSENBERG-SKLENAR-Motor ist zweifellos eine originelle Konstruktion, praktische Bedeutung kommt ihm jedoch nicht zu, obwohl Versuchsmotoren ganz befriedigend liefen. Der Aufwand des drehenden Zylindersterns, die schlechte

Zugänglichkeit zum Triebwerk, die schwierige Ölabdichtung am Schieberring und die ungünstige Kühlluftführung zu den Zylindern stehen einer praktischen Verwendung entgegen.

3.222 Walzenschieber. Bei der Walzenschiebersteuerung dient als Steuerorgan eine zylindrische Walze, die quer über dem Zylinder liegt und sich mit einer Untersetzung 1:2 zur Kurbelwelle — gekrümmte Kanäle — oder auch 1:4 — gerade Kanäle — dreht (s. Abb. 116a und c). Es kann auch für Ein- und Auslaß je ein

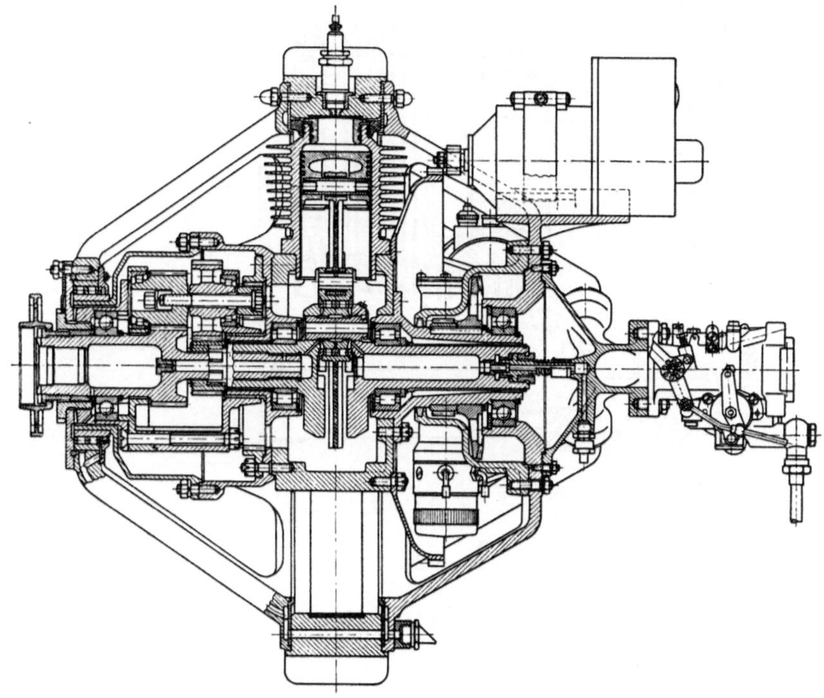

Abb. 115. 7-Zylinder-SACHSENBERG-SKLENAR-Motor [28]

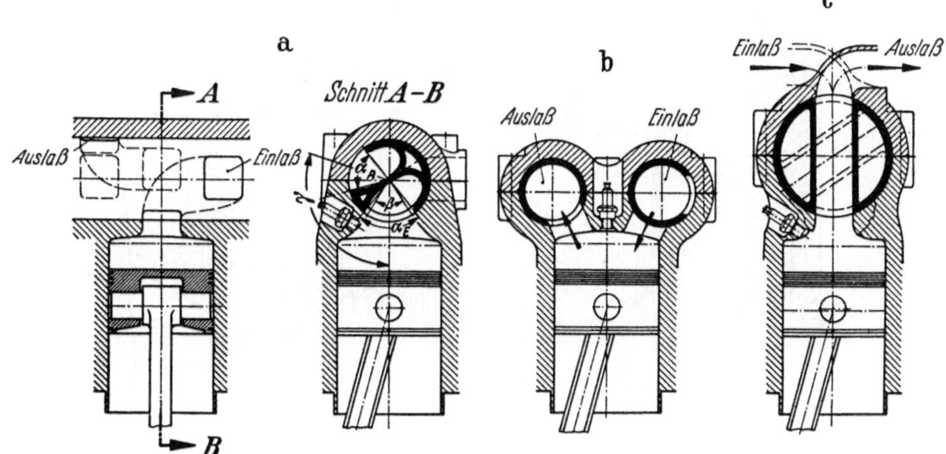

Abb. 116 a—c. Walzenschieber

Walzenschieber vorgesehen sein (s. Abb. 116 b). Mit derselben Öffnung im Schieber wechselweise Ein- und Auslaß zu steuern, ist nicht möglich, weil im Schieber

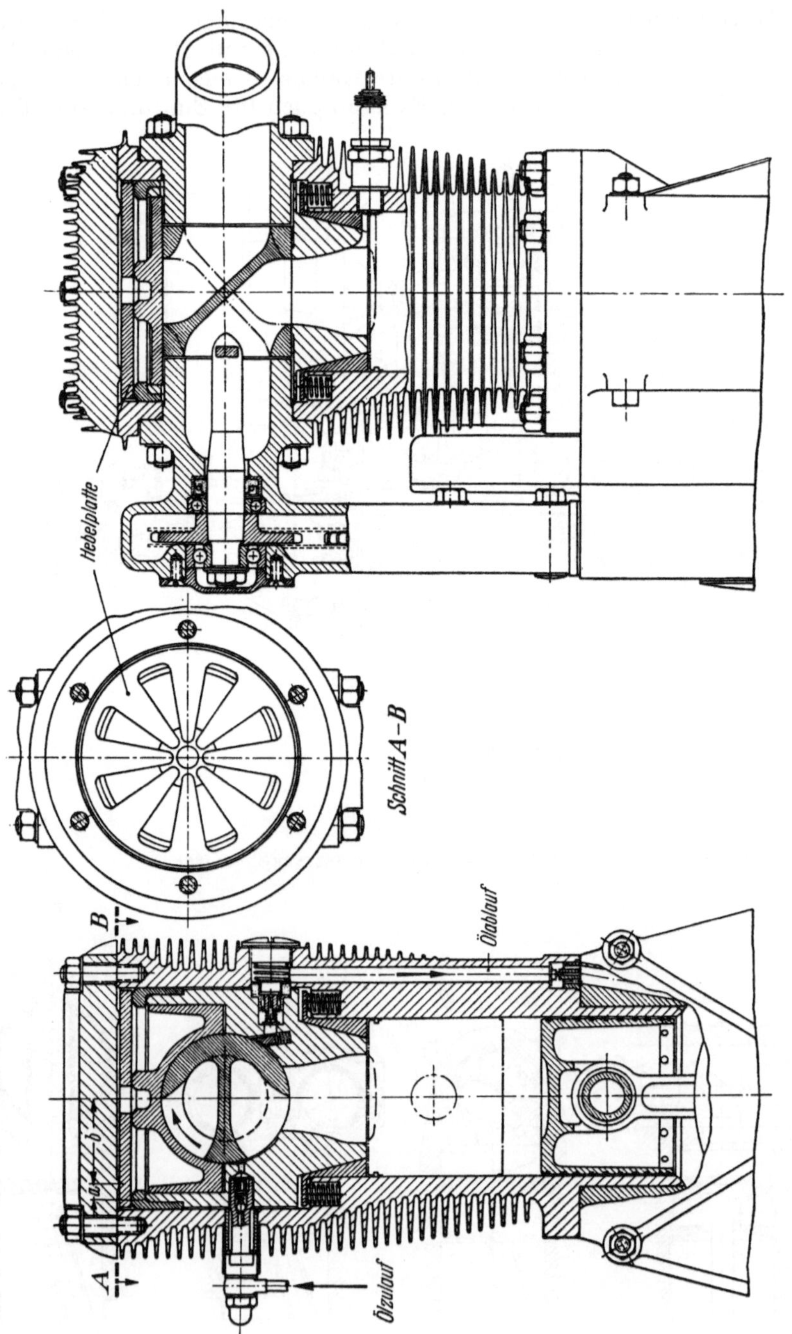

Abb. 117. Motorradmotor mit Cross-Walzenschiebersteuerung [28]

befindliches Frischgas durch den Auspuff verlorengeht und andererseits im Schieber befindliches Abgas wieder angesaugt wird.

Die Steuerwinkel sind:

$$\alpha_E + \beta = \frac{\varphi_E}{i}, \qquad \alpha_A + \beta = \frac{\varphi_A}{i},$$

φ_E, φ_A = gesamte Einlaß- bzw. Auslaßöffnung auf Kurbelwelle bezogen,
   i = Schieberuntersetzung,
   $i\gamma$ = Versetzung von Einlaß zu Auslaß auf Kurbelwelle bezogen.

Die Größe der Steuerquerschnitte hängt vom Durchmesser des Walzenschiebers ab, bei einer Untersetzung 1:4 wird der Schieberdurchmesser ziemlich groß. Die Abdichtung des Verbrennungsraumes ist schwierig, auch die Zu- und Ableitung des Kühlmittels am Schieber ist nicht einfach. Bauaufwand und Herstellungskosten dürften eine Walzenschiebersteuerung nur dann rechtfertigen, wenn zur Erzielung höchster Leistung ungewöhnlich große Querschnitte verlangt werden.

3.222.1 Cross-Schiebersteuerung. Eine Ausführung mit 1:2 untersetztem Schieber wurde von Cross für luftgekühlte Einzylinder-Motorradmotoren vorgeschlagen und bei Versuchsmotoren auch angewandt (s. Abb. 117). Einlaß und Auslaß treten axial am Schieber ein bzw. aus.
Der Leichtmetallzylinder war ursprünglich in Zylinderachse beweglich und hatte um die Verbrennungsraumöffnung einen 7 mm breiten, leicht vorstehenden Rand. Durch den Gasdruck wurde der Zylinder gegen den Schieber gepreßt und dadurch abgedichtet. Diese Lösung konnte nicht befriedigen, weil der Anpressungsdruck viel zu groß ist und wegen der unterschiedlichen Wärmedehnung Dichtfläche und Schieber nicht in jedem Betriebszustand gleiche Krümmung haben können. Cross setzte später in den festen Zylinder einen beweglichen Körper ein und verminderte über ein Hebelsystem (Hebelplatte) den Anpreßdruck am Schieber (s. Abb. 117). Eine Abstreifleiste hatte den Zweck, das über-

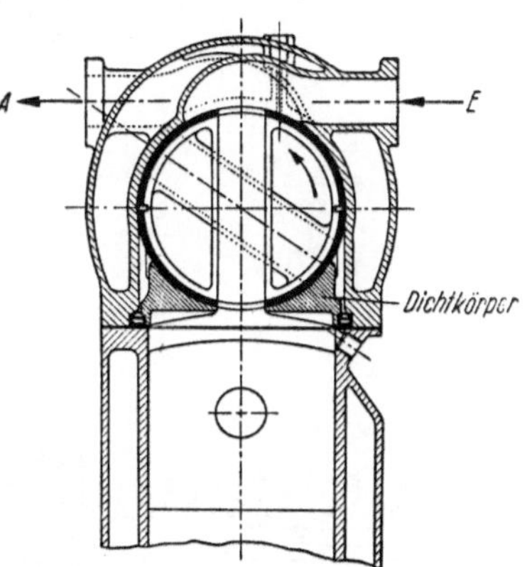

Abb. 118. BAER-Schiebersteuerung [28]

schüssige Schmieröl in das Kurbelgehäuse zurückzuleiten. Auch diese Lösung kann nicht überzeugen, da der Dichtkörper zu groß und zu steif ist, um in jedem Zustand einwandfreie Dichtung zu gewährleisten. Zu beanstanden ist auch die fehlende Kühlung des Schiebers und die schlechte Ableitung der Wärme am Zylinderkopf. Der Aufwand ist beträchtlich, eine Anwendung bei einem Reihenmotor ist kaum denkbar.

3.222.2 Baer-Schiebersteuerung. Für flüssigkeitsgekühlte Reihenmotoren wurde die BAER-Schiebersteuerung entworfen (Abb. 118). Der Schieber ist 1:4 zur Kurbelwelle untersetzt, im Schieber befindet sich je ein gerader Ein- und Auslaßkanal, die Öffnung am Verbrennungsraum hat die Form eines langgezogenen Rechtecks. Zur Abdichtung diente ein großer Dichtkörper, der zum Zylinder hin rund ist und nach oben in eine große Dichtfläche am Schieber übergeht. Die Innenform führt vom runden Querschnitt in die rechteckige Steueröffnung. Der Dichtkörper wird gegen den Zylinder durch eine beiderseits eingespannte Membran abgedichtet, vor dieser befand sich zum Schutze gegen die Verbrennungsgase ein Kolbenring.

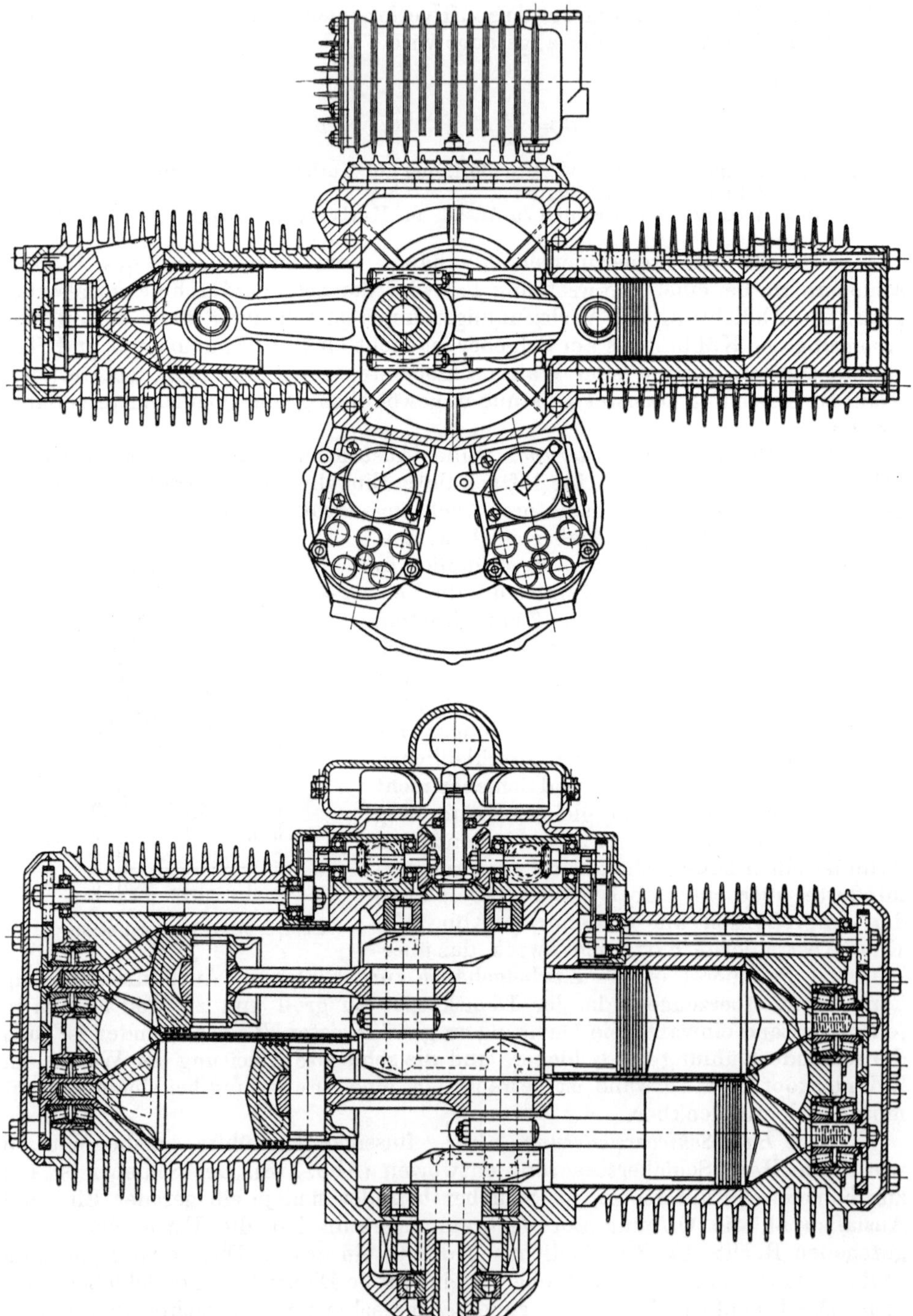

Abb. 119. Aspin-Schiebersteuerung [*46*]

Diese Schieberabdichtung dürfte bei hohen Motorleistungen kaum befriedigen, weil die Dichtflächen zu groß sind und Verformungen nicht vermieden werden können, auch sind die Anpreßdrücke wegen der großen beaufschlagten Flächen sehr hoch; für mittlere Leistungen ist der Aufwand dieser Schiebersteuerung kaum zu vertreten; Schwierigkeiten sind auch an den Abdichtungen für die Kühlmittelzu- und -ableitung am Schieber zu erwarten.

3.223 Kegelschieber, Aspin-Motor. Einen im Verbrennungsraum rotierenden Kegel verwendet ASPIN als Steuerorgan (s. Abb. 119 und 120). Der Kegel besitzt eine Aussparung, die durch den Winkel α in ihrer Breite bestimmt ist, der Schieber läuft mit halber Kurbelwellendrehzahl. Da die Aussparung im Schieber nahezu den ganzen Verbrennungsraum darstellt, ergibt sich ein rotierender Verbrennungsraum, der mit der Zündkerze nur vorübergehend in Verbindung steht. Es ist möglich, daß hierdurch eine sehr reiche Randzone gebildet wird und der Innenkern nur armes Gemisch hat, damit könnte hohe Leistung bei geringem Kraftstoffverbrauch erzielt werden. Die von ASPIN angegebenen Leistungen sind ungewöhnlich hoch, möglicherweise finden sie in dem rotierenden Verbrennungsraum ihre Erklärung.

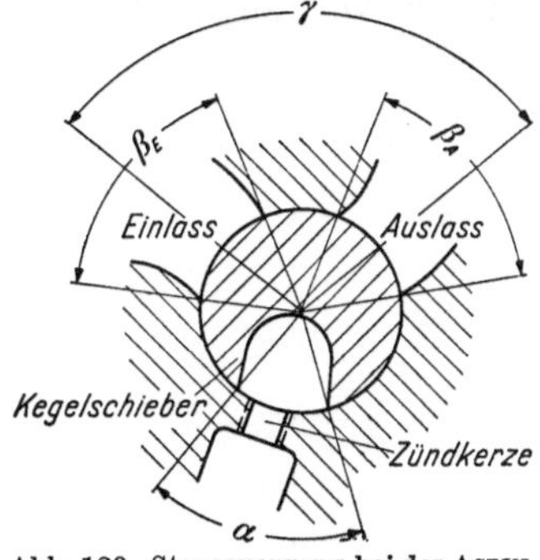

Abb. 120. Steuervorgang bei der ASPIN-Schiebersteuerung

Die Abdichtung erfolgt nur durch Passung, auch ist eine Kühlung des Schiebers nicht vorgesehen. Diese Lösung erfüllt die in Abschn. 3.11 aufgestellten Forderungen an die Abdichtung nicht. Die ASPIN-Motoren haben wohl deshalb nur kleine Zylinder, jedoch auch bei diesen kann eine dauernde einwandfreie Dichtung nicht erzielt werden. Der Schieber ist sehr großen Axialkräften ausgesetzt, für einwandfreie Lagerung wird durch Schrägkugellager gesorgt.

Nach Lösung des Abdichtungs- und Kühlproblems könnte vielleicht dem rotierenden Verbrennungsraum besondere Bedeutung zukommen.

Schlußwort

In vorliegendem Buche wurden dem Konstrukteur die Unterlagen, Konstruktionshinweise und Formeln gegeben, die er zur Gestaltung der Gaswechselsteuerung von schnellaufenden Verbrennungsmotoren benötigt. Eine allgemeine Lösung hat sich noch nicht herausgeschält, dem Konstrukteur bleiben viele Möglichkeiten offen.

Heute herrscht die Ventilsteuerung in den verschiedensten Ausführungen eindeutig vor, nur sehr wenige Schiebersteuerungen kamen zur Serienreife. Stehende Ventile sind fast ganz verschwunden, dagegen findet die obenliegende Nockenwelle wegen der zunehmenden Drehzahlen immer mehr Verwendung. Für Serienfahrzeugmotoren wird man sich meist mit einer Nockenwelle begnügen können, nur bei Flug- und Rennmotoren werden je Zylinderreihe zwei Nockenwellen notwendig sein. Zur Übertragung der Nockenbewegung auf das Ventil sind Schwinghebel zu empfehlen, sie sind des kürzeren Kräftewegs wegen günstiger als Kipphebel.

Zum Antrieb der Nockenwelle dürfte sich für Serienmotoren die Rollenkette und möglicherweise auch der Zahnriemen durchsetzen, Zahnradtriebe bleiben Flug- und Rennmotoren vorbehalten.

Nach dem heutigen Stande der Technik ist es durchaus möglich, die Gase durch Drehschieber zu steuern, das Hauptproblem — die Abdichtung — ist gelöst. Es ist jedoch nicht zu erwarten, daß ein Motorenwerk die notwendigen Entwicklungsarbeiten in Angriff nehmen wird, nachdem der Rotationskolbenmotor einen Stand erreicht hat, der seine Verwirklichung in der Großserie in absehbarer Zeit erwarten läßt. Bei Rotationskolbenmotoren ist dann nicht nur die hin- und hergehende Bewegung der Ventile, sondern auch des Kolbens beseitigt. Der Gaswechselvorgang erfolgt in mancher Hinsicht nach anderen Gesichtspunkten, hierüber wird zu späterer Zeit zu berichten sein.

Schrifttum

[1] NUFFERT, G., u. W.-D. BENSINGER: Einzylinderprüfanlage der Deutschen Versuchsanstalt für Luftfahrt e. V. ATZ 36 (1933) S. 391—392.

[2] BENSINGER, W.-D.: Neue Einzylinderprüfanlage der Deutschen Versuchsanstalt für Luftfahrt e. V. ATZ 40 (1937) S. 621—623.

[3] BENSINGER, W.-D.: Einzylinderprüfanlagen. Ringbuch der Luftfahrttechnik III, A 1.

[4] PISCHINGER, A.: Die Steuerung der Verbrennungskraftmaschinen, Wien: Springer 1948.

[5] ZEYNS, J.: Gestaltungsgrundlagen für Ventile im Flugmotor. Ringbuch der Luftfahrttechnik III, A 1.

[6] RICARDO, H. R.: Schnellaufende Verbrennungsmotoren, Berlin: Springer 1932.

[7] BENSINGER, W.-D.: Einfluß der Zylinderzahl und -größe auf das Baugewicht von Flugmotoren. Ringbuch der Luftfahrttechnik III, A 4.

[8] Making Hydraulic Valve Lifters with Ultra-Precision Equipment. Automotive Industries, 15. Febr. 1949, S. 42—45.

[9] BENSINGER, W.-D.: Die Wahl der Nockenform. ATZ 39 (1936) S. 412—414.

[10] BENSINGER, W.-D.: Berechnung und Gestaltung der Ventilsteuerung von Flugmotoren. Ringbuch der Luftfahrttechnik III, A 5.

[11] BENSINGER, W.-D.: Nocken mit Schwinghebel. MTZ 10 (1949) S. 123—125.

[12] SCHLAEFKE, K.: Über die Beziehungen zwischen Form, Spektrum und Herstellungsgenauigkeit von Steuernocken. Luftfahrtforschung 1942, S. 353—357.

[13] SCHRÖDER, W.: Erhebungskennwerte und Form der Steuernocken. MTZ 10 (1949) S. 21—26.

[14] DUDLEY, W. M.: New Methods in Valve Cam Design. SAE Transactions 1948, S. 19—33.

[15] THOREN, T. R., H. H. ENGEMANN u. D. A. STODDART: Cam Design as Related to Valve Train Dynamics. SAE Quarterly Transactions, Jan. 1952, S. 1—13.

[16] BISHOP, J. L. H.: Valve Gear Design, Automobile Engineer, Juni 1951, S. 233—238.

[17] TURKISH, M. C.: Valve Gear Design. Detroit: Eaton Manufacturing Comp. 1946.

[18] EBERHORST, R. EBERAN V.: Grenzen des Gaswechselvorganges durch die Ventilsteuerung. MTZ 3 (1941) S. 193—200.

[19] KURZ, D.: Entwurf und Berechnung ruckfreier Nocken. ATZ 56 (1954) S. 293—299.

[20] HUSSMANN, A.: Berechnung und Gestaltung von Ventilfedern für Flugmotoren. Ringbuch der Luftfahrttechnik III, A 28.

[21] HUSSMANN, A.: Schwingungen in schraubenförmigen Ventilfedern. Ringbuch der Luftfahrttechnik IV, A 1.

[22] HUSSMANN, A.: Rechnerische Verfahren zur harmonischen Analyse und Synthese, Berlin: Springer 1938.

[23] ZIPPERER, L.: Tafeln zur harmonischen Analyse periodischer Kurven, Berlin: Springer 1930.

[24] BENSINGER, W.-D.: Die Kette zum Antrieb der Nockenwelle bei Kraftfahrzeugmotoren. Konstruktion 6 (1954) S. 180—183.

[25] RIOPELLE, EARL F.: Important Factors in Designing Camshaft Chain Drives. Automotive Industries, 15. Okt. 1948, S. 36—39.

[26] BENSINGER, W.-D.: Die Aussichten der Schiebersteuerungen für Flugmotoren. Ringbuch der Luftfahrttechnik III, A 2.

[27] HOLFELDER, O.: Erfahrungen mit Abgassauerstoffbetrieb im Ottomotor. MTZ 13 (1952) S. 4—9.

[28] BUSSIEN, R.: Automobiltechnisches Handbuch, 18. Aufl., Berlin: Techn. Verl. H. Cram 1965.

[29] „Rover 60" and „75 Chassis". Automobile Engineer, Juli 1948, S. 243—253.

[30] Der BMW-Wagen Typ 501. ATZ 55 (1953) S. 19—20.

[31] WIRBITZKY, G.: Der Deutz-Dieselmotor, ein Beweis für die Zweckmäßigkeit der Luftkühlung bei Nutzfahrzeugen, München: H. Vogel 1952.

[32] GESCHELIN, J.: Buick's V 8 Engine and New Dynaflow for 53. Automotive Industries, 1. Jan. 1953, S. 50—55.

[33] Armstrong-Siddeley Sapphire Engine. Automobile Engineer, Dez. 1953, S. 533—540.
[34] Betriebshandbuch für BMW-250-ccm-Motorrad.
[35] KATZ, H.: Neuzeitliche Flugmotoren, Berlin: R. C. Schmidt 1928.
[36] POMEROY, L.: The Grand Prix Car. Motor Racing Publ. Ltd.
[37] The S. M. 1500 Chassis. Automobile Engineer, Okt. 1949, S. 377—383.
[38] The Jaguar XK 120. Automobile Engineer, Juli 1950, S. 239—252.
[39] NSU-Presseunterlagen.
[40] GASTERSTÄDT, J.: Vom Junkers-Flugdieselmotor. Luftwissen 1936, S. 310—317.
[41] Zweitaktfahrzeugmotoren. MTZ 10 (1949) S. 53—57.
[42] KNÖRNSCHILD, M.: Hochleistungsflugmotoren der Feindmächte. Luftwissen 1943, S. 255—264.
[43] Ergebnisse der Beuteauswertung Nr. 16. Der britische Flugmotor Napier Sabre II.
[44] Der Bristol-Taumelscheibenmotor. ATZ 38 (1935) S. 600.
[45] FROEDE, W.: Probleme der Vorentwicklung im Fahrzeugmotorenbau. ATZ 56 (1954) S. 141—150.
[46] MANTELL, L.: The Aspin Engine. Automobile Engineer, Jan. 1938, S. 3—6.
[47] BROSINSKY, H.-J.: Untersuchungen an einer Ventilsteuerung. MTZ 15 (1954) S. 256—271.
[48] KÖRNER, W.-D.: Untersuchungen über die Elastizität der Ventilsteuerung bei untenliegender Nockenwelle. MTZ 23 (1962) S. 65—69.
[49] DERNDINGER, H.: Untersuchungen über das dynamische Verhalten der Ventile an Verbrennungsmotoren. MTZ 22 (1961) S. 253—260.

Sachverzeichnis

721/45/67